ISBN 978-3-662-27451-4 ISBN 978-3-662-28938-9 (eBook)
DOI 10.1007/978-3-662-28938-9

Die rechts- und staatswissenschaftliche Fakultät gestattet hierdurch die Drucklegung vorliegender Dissertation, ohne damit zu den darin ausgesprochenen Anschauungen Stellung zu nehmen.

Zürich, den 5. Juli 1930.

Der Dekan
der rechts- und staatswissenschaftlichen Fakultät
Prof. Dr. M. Saitzew.

Sonderdruck aus „Archiv für Eisenbahnwesen" Jahrgang 1931 Heft 1—3.
(Verlag von Julius Springer in Berlin W 9.)

Vorwort.

„Even railway officials have been heard to say that no ohe need pay full fare who will excercise a little research". (Sogar höhere Eisenbahnbeamte sollen gesagt haben, daß niemand, der sich die Mühe nehme, etwas nachzuforschen, die volle Fahrtaxe zu bezahlen habe).

Zitat aus Pole & Milne: „The Economics of Passenger Traffic", ex: „Modern Railway Administration", pag. 120, London 1925.

Dieses Zitat charakterisiert die gegenwärtige Gestaltung der Personentarife der englischen Eisenbahnen, wie es wohl in gleicher Kürze nicht besser geschehen könnte. Tatsächlich verhält es sich heute so, daß jemand, der in Großbritannien eine Eisenbahnfahrt beabsichtigt, gut daran tut, „nachzuforschen", um sicher zu sein, nicht mehr als den niedrigsten Fahrpreis bezahlen zu müssen. Es kommt dies davon her, daß die englischen Eisenbahnen versuchen, wenn irgendwie möglich, die Preise für ihre Verkehrsleistungen der Zahlungsfähigkeit und Zahlungswilligkeit der Käufer anzupassen. Daraus ergibt sich eine mannigfaltige Preisdifferenzierung, wie sie bei den kontinental-europäischen Bahnen nicht üblich ist. Dieser mehr oder weniger wesentliche Unterschied zwischen der englischen und der kontinentalen Tarifpolitik ist es eigentlich, der mich veranlaßt hat, eine Darstellung der Personentarife der englischen Eisenbahnen zu geben.

Bei der Ausarbeitung des Gegenstands habe ich mich von drei Prinzipien leiten lassen: Genauigkeit, Übersichtlichkeit und Hervorhebung des Typischen. Selbstverständlich galt es, die Probleme vom sozialökonomischen Standpunkt aus zu behandeln, wenn auch nicht immer explicite, so doch implicite. Ist es, im Hinblick auf den oben erwähnten Unterschied zwischen der Personentarifpolitik der englischen und der kontinental-europäischen Bahnen, nicht auch wünschenswert, ja geradezu notwendig gewesen, um die englischen Verhältnisse zu charakterisieren, internationale Vergleiche vorzunehmen? Wünschenswert ist es allerdings gewesen, aber leider nicht in dem Maß möglich, wie man vielleicht auf den ersten Blick vermuten könnte. Die Begründung hierfür wird in der Darstellung der englischen Normaltarife gegeben. Hier sei nur hervorgehoben, daß man über die Personentarife der meisten Eisenbahnen nur sehr oberflächlich orientiert ist. Erst wenn diese Lücke einmal ausgefüllt sein wird, dürfte es möglich sein, dem Wunsch nach internationalen Vergleichen ganz zu entsprechen.

Das erste Kapitel ist gleichsam eine kurze Stellungnahme zur Theorie der Personenfahrpreise im Eisenbahnverkehr. Dazu sah ich mich veranlaßt, weil ich in einigen Punkten besonderer Ansicht bin, dann aber auch deshalb, weil auf gewisse preisbildende Faktoren aufmerksam gemacht werden mußte, von denen m. W. zusammenfassend überhaupt noch nie die Rede war.

Walter Fischer berichtet in seiner Abhandlung: „Die Personenfahrpreise der Schweiz. Bundesbahnen, 1914—1920" (Zürich, 1924) ausführlich über die Kostengestaltung während der betreffenden Zeitperiode. Er sah sich dazu veranlaßt, weil seiner Ansicht nach bei der Differentiation der Verkehrspreise „notwendigerweise auch Erwägungen mitbestimmend sind, die mit dem Kostenaufbau und insbesondere mit den Beziehungen der Kosten zur Verkehrsstärke zusammenhängen", obschon der Sinn eines reich gegliederten Tarifsystems nur in der ungleichen Wertschätzung der Verkehrsleistungen liegen könne[1]. In seinem Fall mag diese Begründung voll berechtigt gewesen sein, weil er sich mit den Tarifveränderungen während einer bestimmten und zugleich außergewöhnlichen Zeitperiode zu befassen hatte. Als meine Hauptaufgabe habe ich dagegen die Darstellung der gegenwärtigen Personentarife betrachtet, und im Hinblick darauf — aber auch deshalb, weil ich den Kosten überhaupt keinen unmittelbaren Einfluß auf die Differentiation der Verkehrspreise zuschreibe — hielt ich es nicht für notwendig, eine Analyse der Kosten zu geben.

Von den Kosten des Personenverkehrs der englischen Bahnen ist dennoch die Rede. Allerdings in einem anderen Zusammenhang, nämlich im 6. Kapitel, in welchem über die Bedeutung des Personenverkehrs für den Finanzhaushalt berichtet wird. Ich mußte mich dabei begnügen, einige charakteristische Merkmale hervorzuheben. Eine umfassende Behandlung der finanziellen Probleme, die übrigens nur möglich ist mit Bezug auf den Gesamtverkehr, hätte zu weit geführt.

Zur Beschaffung des Materials zu Kap. 3—6 haben mir vor allem fünf Quellen gedient, nämlich:

1. Die Darstellungen von Sherrington, Pole & Milne und Wood & Sherrington, sowie andere (siehe Literaturverzeichnis!),

---

[1]) Fischer, l. c., S. 9.

2. Zeitschriften, besonders der „Modern Transport", der — im Gegensatz zu anderen englischen Periodica — keine besonderen Verkehrsinteressen vertritt,

3. die offizielle Monats- und Jahresstatistik („Railway Returns"), bearbeitet vom Verkehrsministerium,

4. eine reichhaltige Sammlung von Werbeliteratur. Ein Teil davon ist mir von den vier englischen Hauptbahnen prompt zur Verfügung gestellt worden, wofür ich an dieser Stelle nochmals bestens danke. Diese Drucksachen sind mir die gründlichste Quelle für die Darstellung der meisten Ausnahmetarife gewesen,

5. zahlreiche und sehr wertvolle Angaben der Eisenbahnbehörden aller vier Gesellschaften, sowie des Finance & Statistics Department des Ministry of Transport.

Von großem Nutzen waren mir ganz besonders die Angaben der Herren Crozier (divisional passenger commercial superintendent der LMSR, Glasgow), Davies (general superintendent der LMSR, Derby), Selway (passenger manager der LNER, London), Strang (passenger manager der LNER, Edinburgh), Willis (indoor commercial manager der SOUTHERN, London), und Nicholls (Office of the superintendent of the line, GWR, London). Allen ihnen danke ich auch an dieser Stelle für ihre Bemühungen.

Hervorheben möchte ich außerdem, daß ich die Bibliothek der Schweizerischen Bundesbahnen und die Transport Library der London School of Economics & Political Science (University of London) uneingeschränkt benutzen durfte.

Vor allem aber möchte ich auch an dieser Stelle meinem verehrten Lehrer, Herrn Prof. Dr. M. Saitzew, für seine Hilfe sowie für seine wertvollen Anregungen und Ratschläge meinen besten Dank aussprechen.

Zürich, im April 1930.

Der Verfasser.

Inhaltsverzeichnis.

Drittes Kapitel.

Die gegenwärtige Gestaltung der englischen Personentarife.

Viertes Kapitel.

Der Wettbewerb zwischen Eisenbahn und Automobil.

Fünftes Kapitel.

Kritik der Personenfahrpreise der englischen Eisenbahnen.

Sechstes Kapitel.

Die Bedeutung des Personenverkehrs für den Finanzhaushalt der englischen Eisenbahnen.

Literaturverzeichnis.

Acworth & Paish: British Railways, their Accounts and Statistics (Journal of the Royal Statistical Society, Bd. 75, 1911–12).

Acworth, M. W.: The State in Relation to the Railways in England (Paper read bef. the Royal Economic Society), London, 1912.

— : Historical Sketch of State Railway Ownership, London, 1920.

— : Elements of Railway Economics, Cambridge, 1924 (deutsch von Wittek: „Grundzüge der Eisenbahnwirtschaftslehre, Wien 1917).

Ahlberg & Normann: Die Betriebskosten der Eisenbahnen und ihre Bedeutung für die Tarifbildung (Archiv f. Eisenbahnwesen, 1916, 1917 u. 1919).

Boehler, E.: Die englische Eisenbahnpolitik der letzten 40 Jahre (Archiv f. Eisenbahnwesen, 1922).

Bradshaw: Bradshaw's Railway Companion, Manchester, 1842.

Brown, A.: The Future of the Railways, London, 1928.

Brunner: The Problem of Motor Transport, London, 1928.

Cassel: Grundsätze f. die Bildung von Personentarifen auf den Eisenbahnen (Archiv f. Eisenbahnwesen, 1900).

Clapham: An Economic History of Modern Britain, The Early Railway Age, Cambridge, 1926.

Cleveland-Stephens: English Railways, their Development and their Relation to the State, London, 1915.

Cohn, Gust.: Untersuchungen über die englische Eisenbahnpolitik, 1. u. 2. Bd., Leipzig, 1874.

— : Die englische Eisenbahnpolitik der letzten 10 Jahre (1873–83), Leipzig, 1883.

Colson, C.: Transports et Tarifs, Paris, 1908.

Davies, H. B.: The Rights and Duties of Transport Undertakings, London, 1926.

Dunnage: Hard Times for Home Railways (The Fortnightly Review, Sept. 1929, pag. 304).

Edwards, H. W.: Die Grundlagen des Eisenbahntarifwesens (Weltwirtschaftliches Archiv, 7. Bd. 1916).

Engländer, O.: Volkswirtschaftliche Theorie der Personenfahrpreise (Archiv f. Sozialwissenschaft u. Sozialpolitik, Bd. 50, 3. Heft, 1923, pag. 653).

Fenelon, K. G.: Some Aspects of Road and Rail Transport (Modern Transport, 15. Sept. 1928).

Fischer, Walter: Die Personenfahrpreise der schweizerischen Bundesbahnen, 1914–1920, Zürich, 1924 (Band 3 der Zürcher Volkswirtschaftlichen Forschungen, herausgeg. von Saitzew).

Fitzgerald: Industrial Combination in England (Pag. 174: Railways Combines).

Frahm: Das englische Eisenbahnwesen, Berlin, 1911.

Francis, J.: A History of English Railways, London, 1851.

Franqueville, Ch.: Eisenbahnkonkurrenz und Eisenbahnfusionen in England, Wien, 1875.

Garrett, C. F. (editor): The Motor Transport Year Book and Directory, Vol. 13, 1928–29, London, 1929.

Gorst, E.: A Guide to the Railway Rates Tribunal, London, 1927.

Griffiths: The Railway Act 1921, a survey of the work of the Railway Rates Tribunal, London, 1925.

Hare, T. B.: British Railway Operation, London, 1927.

Henri-Gréard: Prix de Revient, Tarification (Bullet. de l'Association intern. de Chemin-de-fer, 1921, pag. 2095).

Homberger, L.: Wirtschaftsführung und Finanzwesen bei den englischen Eisenbahnen, Berlin, 1928.

Jenks, Edw.: Stephen's Commentaries of the Laws of England, London, 1925.

Johnson-Huebner: Railroad Traffic and Rates, 2 Bde., New York u. London, 1925.

Jones, J. H.: Economics of Transport (Journal of the Institute of Transport, London, Dec. 1923, pag. 75).

Kirkus, A. E.: Railway Statistics, their Compilation & Use, London, 1927.

Knebel, O.: Reichsbahn-Personentarife und ihre wirtschaftliche Bedeutung, Berlin, 1926.

Knoop, Douglas: Outlines of Railway Economics, London, 1923.

Launhardt, W.: Theorie der Tarifbildung der Eisenbahnen, Berlin, 1890.

Marriot, H.: The Fixing of Rates and Fares, London, 1908.

Marshall, A.: Industry and Trade, London, 1921 (besonders: Chapt. III: Competition and Monopoly in Transport).

Modern Railway Administration, A Practical Treatise by Leading Railway Experts, London, 1925 (siehe Pole and Milne!).

Monkswell: The Railway of Great Britain, London, 1926.

Peterson: Motor Carrier Regulation and its Economic Bases (Quarterly Journal of Economics, Aug. 1929).

Pim: The Railways and the State, London, 1912.

Pole and Milne: The Economics of Passenger Traffic, ex: Modern Railway Administration, Bd. 2, pag. 83, London, 1925.

Rank, E.: Das Eisenbahntarifwesen in seiner Beziehung zur Volkswirtschaft und Verwaltung, Wien, 1895.

Raper, Ch.: Railway Transportation, New York u. London, 1912.

Reitzenstein: Über einige Verwaltungseinrichtungen und das Tarifwesen auf den Eisenbahnen Englands, Berlin, 1876.

Ripley, W.: Railroads, Rates and Regulation, New York, London, 1916.

Sarter, A.: Verkehrswerbung bei den Eisenbahnen, Berlin, 1927.

Sax, Emil: Die Verkehrsmittel in Volks- und Staatswirtschaft, 1. u. 3. Bd., Berlin, 1918 bzw. 1922.

Schwabe, H.: Über die englischen Eisenbahnen, Reisestudien, Wien, 1871.

Sherrington, C. E. R.: The Economics of Rail Transport in Great Britain, London, 1928 (1. Bd.: History and Development, 2. Bd.: Rates and Service). (Siehe auch unter: Wood!)

Spering: Die Entwicklung der englischen Eisenbahnen seit 1921 (Archiv f. Eisenbahnwesen, 1928).

Simnett: Railway Amalgamation in Great Britain, London, 1923.

Stephenson, Tetley: Communications, ex: The Resources of the Empire, Series, London, 1924.

Tecklenburg: Personen- und Güterverkehr, Selbstkosten und Ertrag (Archiv f. Eisenbahnwesen, 1915).

— : Die Selbstkosten des Eisenbahnbetriebes als Faktor der Tarifbildung (Reichsbahn, Nr. 39, 1925).

Theler, Hans: Die Liquidation des Kriegsdefizits der Schweizerischen Bundesbahnen, verglichen mit der Regelung in England, den U. S. A., Frankreich, Holland, Italien und Deutschland, Zürich 1929 (Zürcher Volkswirtschaftliche Forschungen, herausgegeben von Saitzew, Bd. 15).

Tomlison, W. W.: The North Eastern Railway, its Rise and Development, Newcastle and London, 1915 (?)

Thompson: Railway Statistics of the U. S. A. for the Year 1927, compared with Statistics of foreign Countries (Bureau of Railway News and Statistics), Chicago, 1928.

Wernekke: Die Eisenbahnen von Großbritannien, ihre gesetzlichen Grundlagen, ihre Gliederung und ihre wirtschaftliche Lage, Jahrbuch für Eisenbahnwesen, 1925/26, München.

Weyl, Walter: The Passenger Traffic of Railways, Philadelphia, 1901.

White, J. L. Analysis of Railroad Operation, New York, 1925.

Williams: The Economics of Railway Transport, London, 1909.

Wood and Sherrington: The Railway Industry of Great Britain, 1927 (Memorandum No. 27 of the London and Cambridge Economic Service, London, Jan. 1929).

Zwiedineck-Südenhorst: Kritisches und Positives zur Preislehre (Zeitschrift für die gesamte Staatswissenschaft, Bd. 64 u. 65).

Fahrpläne der vier englischen Hauptbahnen.

Fahrpläne der engl. Autobetriebsgesellschaften (herausg. v. Motor Hirers Association Joint Committe).

Geschäftsberichte der vier englischen Hauptbahnen.

Minutes of Proceedings before the Joint Select Committee of the House of Lords and the House of Commons on Railway (Road Transport) Bill.

Proceedings of the Railway Rates Tribunal.

Railway Act, 1921 (11 and 12 Geo.5.cap.55).

Railway Returns (Offizielle Eisenbahnstatistik für die einzelnen Jahre und Monate, herausg. vom Ministry of Transport).

Reklamebroschüren und Reklamezettel der Eisenbahngesellschaften.

Report of the Rates Advisory Committee on the Interim Revision of Railway Rates, Tolls, Fares and Charges, July, 1920 (Cmd. 857), July and October, 1920, Part. III. (Cmd. 1148).

Schedules of Standard Charges.

Zeitschriften.

Archiv für Eisenbahnwesen, Berlin.

Bulletin de l'Association internationale des chemins de fer, Bruxelles.

Bulletin du Congrès des chemins de fer, Bruxelles.

Great Western Railway-Lecture and Debating Society, London.

Journal of the Institute of Transport, London.

Journal of the Royal Statistical Society, London.

London and North Eastern Railway-Lecture and Debating Society, London.

Manchester Guardian Commercial, Manchester.

Modern Transport, London.

Reichsbahn, Berlin.

The Economist (Weekly Commercial Times), London.

The Railway Gazette, London.

The Railway Magazine, London.
The Statist, London.
The Times, London.
Zeitung des Vereins deutscher Eisenbahnverwaltungen, Berlin.

Abkürzungen.

d.	= englischer Penny
sh.	= englischer Shilling (à 12 d.)
£	= englisches Pfund (à 20 sh.)
(£ 3/10/11	= 3 £ + 10 sh. + 11 d.)
M.	= englische Meile (n) à 1760 Yards (1 M. = 1,61 km)
SOUTHERN	= Southern Railway Company (in Großbritannien).
G W R	= Great Western Railway Company
L M S R	= London Midland & Scottish Railway Company
L N E R	= London & North Eastern Railway Company.

Erstes Kapitel.

Zur Theorie der Personenfahrpreise im Eisenbahnverkehr.

I. Die Bedeutung der Wertschätzung für die Tarifbildung.

Um zu veranschaulichen, wie verschieden hoch die Wertschätzung für ein und dieselbe Verkehrsleistung sein kann, und welche Bedeutung deshalb der Preiswilligkeit in tarifarischer Hinsicht beizumessen ist, beginnen wir unsere theoretischen Ausführungen mit der Darstellung folgender Beispiele:

1. Für eine Eisenbahnfahrt von London nach Liverpool und zurück wird ein Fahrpreis von rund fünfzig Shilling erhoben. Gibt es nicht eine Menge von Personen, die in London wohnen und die einmal Liverpool zu besichtigen wünschen, deren Preiswilligkeit jedoch, wegen ihres geringen Einkommens, nie auf die Höhe des zu bezahlenden Fahrpreises steigen kann?

2. Andererseits ist die Zahl der zum Vergnügen nach Liverpool fahrenden Personen, die sich vom Kauf dieser Verkehrsleistungen auch dann nicht abhalten ließen, wenn der Fahrpreis von fünfzig auf sechzig Shilling erhöht würde, ganz beträchtlich. (Wir setzen hier voraus, es gäbe keine Automobilunternehmungen, die die Bahnen mit ihren Preisen unterbieten.)

3. Für einen Geschäftsreisenden bedeutet der Fahrpreis einen gewissen (und bisweilen sogar einen wesentlichen) Bestandteil seiner Reisespesen. Aber wird er sich auch dann nur ungern zur Bezahlung der

fünfzig Shilling entschließen können, wenn er weiß, daß er an seinem Reiseziel mit größter Wahrscheinlichkeit einen Gewinn von einigen hundert Pfund machen wird?

4. Ein anderer Kaufmann ist genötigt, monatlich mehrmals nach Liverpool zu fahren, um seine Waren verkaufen zu können. Jedesmal, wenn er die Fahrkarte kauft, muß er sich fragen, ob es sich überhaupt lohne, für die Fahrt allein mehr als zwei Pfund an Reisespesen zu verausgaben. Eines Tages kommt ihm folgende Anschrift zu Gesicht (wörtliche, verkürzte Übersetzung einer englischen Eisenbahnreklame):

Reise billig und sicher mit der Bahn!
Nächsten Sonntag:
Vorteilhafter Ausflug nach Liverpool,
Preis: 10 Shilling.
London Midland & Scottish Railway.

„Wirklich vorteilhaft", denkt sich unser Kaufmann, „wenn ich sonst nach Liverpool fahre, habe ich fünfmal mehr für eine Fahrkarte zu bezahlen". Aber es hat für ihn keinen Zweck, den angekündigten Sonderzug zu benutzen, denn am Sonntag kann er keine Geschäfte abschließen.

Diese vier Beispiele sollen eine Illustration für die Extreme der Wertschätzungen einzelner Subjekte sein. Dabei stellt das Maximum ein Vielfaches des Minimums dar. Beide Größen, wie auch die dazwischenliegenden, werden bestimmt durch den Zweck, den die Ortsveränderung für den Käufer der Verkehrsleistung hat (drittes und viertes Beispiel), sowie durch dessen Einkommensverhältnisse (erstes und zweites Beispiel).

Theoretisch gibt es ebensoviele Wertschätzungen als Käufer, in praxi können jedoch viele als gleich hoch angenommen werden.

Vielfach schon ist die Wertschätzung als die obere Preisgrenze bezeichnet worden. Die Richtigkeit dieses Satzes, bezogen auf einen einzelnen Schätzenden, kann nicht bezweifelt werden. Es ist aber Mode, von einer oberen Preisgrenze schlechthin zu reden, wie wenn es nur eine einzige gäbe. Im Grunde genommen gibt es jedoch eine Unmenge solcher Grenzen. Man hat sich vielleicht zu dieser Oberflächlichkeit verleiten lassen, weil eine große Zahl von Wertschätzungen sehr wenig voneinander differieren, und weil deshalb — oder aus einem anderen Grund — mancherorts für gleiche Verkehrsleistungen nur zwei bis drei verschiedene Preise erhoben werden. Die Tarifpolitik der englischen Eisenbahnen wird uns noch zur Genüge zeigen, daß die verschiedenen Preiswilligkeiten lange nicht so nahe zusammenfallen, wie oft angenommen wird.

Möglicherweise stellt man sich unter einer oberen Preisgrenze schlechthin eine durchschnittliche Grenze vor, bedingt durch den Durchschnitt der Preiswilligkeiten. Dieser Größe kann aber nur in Ausnahmefällen eine gewisse Bedeutung beigemessen werden, nämlich dann, wenn aus betriebstechnischen Gründen eine Beschränkung auf einen Einheitspreis notwendig wird, z. B. im internen Großstadtverkehr.

Im eigentlichen Eisenbahnverkehr wäre jedoch eine solche Einheitstarifierung von nachteiliger, wenn nicht sogar ruinöser Wirkung für den Finanzhaushalt der Eisenbahnen.

Übrigens ist es auch für den Großteil der Käufer von Verkehrsleistungen von Vorteil, wenn auf die verschiedenen Preiswilligkeiten Rücksicht genommen wird, denn ein Einheitstarif muß — um eine gewisse Mindesteinnahme einzubringen — die Kategorie der niedrigsten Wertschätzungen übersteigen.

Tatsächlich findet denn auch eine Anpassung der Fahrpreise an die Wertschätzungen statt, was allerdings nur in beschränktem Maß möglich ist. Denn „es bleiben nämlich dem Verkehrsunternehmen jene Umstände, die die Preiswilligkeit begründen" — wie Engländer treffend ausführt —, „verborgen, und zwar einerseits die verschiedenen Preiswilligkeiten infolge verschiedenen Vermögens, andererseits die verschiedenen Preiswilligkeiten infolge verschiedenen Zwecks der Reise" [1]. Demnach konnte man z. B. nur auf empirischem Weg feststellen, wie hoch etwa die teuerste Wagenklasse zu tarifieren ist, damit sich eine annehmbare Zahl von Käufern meldet. Eine Beeinflussung von seiten der Kosten — wie sie Sax annimmt — hat u. E. keine entscheidende Wirkung ausgeübt. Zweifelsohne fallen die Kosten als primäre Ursache der Tarifdifferenzierung außer Betracht. Man hat auf keiner Bahn eine 1. Klasse eingeführt und dann deshalb, weil diese vermehrte Kosten verursachte, entsprechend höhere Preise verlangt, sondern zuerst konstatierte man eine höhere Wertschätzung gewisser Käufer, und erst auf Grund dieser Feststellung wurde eine teurere Wagenklasse geschaffen (oder es wurde diese Differenzierungsmethode[2] von den Postkutschen übernommen). Daß sekundär die betreffenden Mehrkosten eine gewisse Berücksichtigung erfahren haben mögen, ändert nichts am Prinzip.

Eine genaue Anpassung des Preises einer Leistung an die entsprechende Wertschätzung ist praktisch nicht möglich. Das Verkehrsmittel ist genötigt, Kategorien ähnlich schätzender Käufer zu R e i s e n -

---

[1] Archiv für Sozialwissenschaft und Sozialpolitik, Bd. 50, S. 686.

[2] Über die Frage der Preisdifferenzierung und der Kosten vgl. auch die Ansicht von M a r s h a l l, Industry and Trade, 1920, S. 467 ff. und 835.

d e n s c h i c h t e n zusammenzufassen. Die Zahl dieser Schichten kommt zur Geltung — nicht etwa nur durch die Zahl der Wagenklassen —, sondern durch die G l i e d e r u n g d e s T a r i f a u f b a u s überhaupt. So bilden eine besondere Käuferkategorie: die Besitzer einer Dauerkarte 1. Klasse, die Käufer einer verbilligten Wochenendkarte, solche Personen, die in Gesellschaft reisen u. a. m.

Das Verhältnis dieser Schichten zueinander ist jedoch nicht derart, daß sie sich in jedem Zeitpunkt lückenlos aneinanderreihen. Am Sonntag z. B. fällt die Schicht der mit Arbeiterfahrkarten Reisenden weg. Es gibt auch Tarife, die nur wenige Stunden gültig sind. Man darf sich auch nicht vorstellen, ein und derselbe Käufer von Verkehrsleistungen gehöre immer der gleichen Schicht an. Ein Geschäftsmann z. B., der morgens mit einer Abonnementskarte nach der City fährt, befindet sich dann in einer der unteren Schichten (d. h. Kategorie von Käufern, die niedrige Preise bezahlen), während er einige Stunden später auf einer Geschäftsreise im Erstklass-Pullmanwagen sitzt und dann in die oberste Schicht zu klassifizieren ist.

Je mehr Käuferschichten, desto besser die Ausnutzung der verschiedenen Wertschätzungen bei weitgehender Preisdifferenzierung. Dieser einen Tendenz der Tarifpolitik steht eine andere, entgegengesetzte gegenüber: das Bestreben nach Vereinfachung des Tarifaufbaus. Für die Öffentlichkeit ist ein zu komplizierter Tarifaufbau unangenehm. Deshalb findet — freiwillig oder durch gesetzlichen Zwang — nur eine beschränkte Anpassung der Fahrpreise an die Differenzen der Preiswilligkeiten statt. Damit hängt es auch zusammen, daß — ceteris paribus — die Personenfahrpreise (und damit auch die Reisendenschichten) im allgemeinen eine um so größere Varietät aufweisen, je privatwirtschaftlicher die Grundsätze sind, nach denen eine Bahn verwaltet wird.

II. D i e B e d e u t u n g d e r K o s t e n f ü r d i e T a r i f b i l d u n g.

Darüber ist schon mehr geschrieben worden als über irgendeinen anderen Faktor der Tarifbildung, und doch sind gerade die Kosten von geringem Einfluß auf die Gestaltung der Eisenbahntarife. Dieser Ansicht sind jedoch die wenigsten Fachleute, die sich eingehend mit der Kostenfrage befassen. Denn sonst würden sie es nicht für notwendig halten, manchmal mathematisch genau auszurechnen, wie hoch eine Leistungseinheit zu stehen kommt. Daß es, nebenbei gesagt, ganz interessant und zur Untersuchung gewisser Spezialprobleme von etwelcher Bedeutung sein kann, zu wissen, welche Verkehrsarten mit Verlust und welche mit Gewinn betrieben werden, sei nicht bestritten. Aber dazu lohnt sich die Mühe, die durch Berechnungen der s p e z i f i s c h e n

Kosten — denn um diese handelt es sich hier — verursacht werden, kaum. Schließlich jedoch — und das ist wesentlich — sind solche Berechnungen, sofern sie genau und brauchbar sein sollen, ein Ding der Unmöglichkeit. (Eine Ausnahme hiervon muß natürlich für gewisse Fälle zugestanden werden, z. B. wenn eine Bahn keinen Güterverkehr aufweist[1].)

Die Kosten schlechthin außer Betracht zu lassen, ist aber ebenso fehlerhaft, wie wenn man ihnen einen maßgebenden Einfluß auf die Tarifbildung zuschreibt.

Erstens nämlich ist eine Privatunternehmung bestrebt, einen möglichst hohen Gewinn herauszuschlagen, und zielt deshalb darauf hin, die Kosten auf ein Minimum hinab- und die Einnahmen auf ein Maximum hinaufzudrücken. Da aber die Einnahmen u. a. durch die Tarifbemessung bestimmt werden, besteht auch ein gewisser Zusammenhang zwischen den Tarifen und den Kosten. Im Gegensatz zu oben handelt es sich jedoch hier um die gesamten und nicht um die spezifischen Kosten.

Wieder eine besondere Bewandtnis hat es mit den sog. Mehraufwendungen (prix de revient partiel), die besonders Colson als die untere Preisgrenze eines jeden Transports bezeichnet[2]. Wenn es sich de concreto darum handelt, zu wissen, ob eine zu den schon bestehenden neu hinzukommende Leistung zum mindesten keinen Verlust verursacht, so werden tatsächlich die betreffenden Mehrkosten vielfach als die untere Preisgrenze bezeichnet werden können. Doch darf man nicht außer acht lassen, daß nur in relativ seltenen Fällen für einen Einzeltransport besonders tarifiert werden kann. Nehmen wir z. B. an, ein Personenzug des Normalverkehrs weise eine äußerst günstige Frequenz auf, und die Bahn stelle sich die Frage, ob nicht die Führung eines Parallelzugs angezeigt sei. Wird es ihr etwa möglich sein, für die Leistungen dieses neuen Zugs, die Mehraufwendungen, besondere Preise zu erheben? Nicht selten kommt es bei Privatbahnen auch vor, daß neue Personenzüge eingeschaltet werden, wobei man im voraus weiß, daß es sich anfänglich um ein verlustbringendes Geschäft handelt. Der Zweck einer solchen Politik ist die Heranbildung eines neuen oder die Entlastung eines schon bestehenden, rentablen Verkehrs. Wir sehen daraus, daß diese Mehraufwendungen (oder die zusätzlichen Kosten, wie sie auch genannt werden)

---

[1] Was die Begründung der Unmöglichkeit, die spezifischen Kosten zu berechnen, anbetrifft, verweisen wir auf die Ausführungen von Fischer, Die Personenfahrpreise der Schweizerischen Bundesbahnen 1914—1920, Zürcher Volkswirtschaftliche Forschungen, herausgegeben von Saitzew, Bd. 3, Zürich, 1924, S. 28, und Sherrington, Economics of Rail Transport in Great Britain, London, 1928, 2. Bd., S. 132.

[2] Colson: Transports et Tarifs, Paris, 1908, S. 49. Vgl. auch Fischer, l. c. S. 6.

keinen übermäßigen Einfluß weder auf die Preise überhaupt noch auf deren untere Grenze auszuüben vermögen. Vielmehr geht das Bestreben einer jeden Eisenbahnunternehmung dahin, für den Verkehr als Ganzes und auf die Dauer mittels einer vorteilhaften Preisbemessung ein günstiges Verhältnis zwischen Einnahmen und Ausgaben zu ermöglichen.

III. Die preisdrückenden und preissteigernden Faktoren der Tarifbildung.

Vorbemerkung.

Nachdem die Bedeutung der Wertschätzung und der Kosten für die Preisbildung dargelegt worden ist, drängt sich die Frage auf, ob die Personentarife nicht noch durch andere Faktoren bestimmt werden, und wenn ja, durch welche. Abweichend von vielen anderen Autoren sind wir der Ansicht, daß mit den Kosten und der Wertschätzung schlechthin die Höhe und Gliederung der Verkehrspreise nicht erklärt werden kann. Es gibt noch eine Reihe weiterer Faktoren, die manchmal von geringem, bisweilen aber auch von entscheidendem Einfluß sind. Daß sie von jenen Autoren nicht weiter vorausgeschickt werden, die sich mit kontinentalen Eisenbahnen befassen, ist aus den besonderen Bedingungen dieser Eisenbahnen zu erklären, bei denen z. B. die Konkurrenz nicht die Rolle wie in Großbritannien spielt.

Entsprechend ihrer Wirkung können wir zwei Kategorien von tarifbildenden Faktoren unterscheiden, nämlich preisdrückende und preissteigernde.

Als preisdrückende Faktoren kommen in Frage:

1. die Konkurrenz, und zwar:
   a) die Konkurrenz zwischen einzelnen Eisenbahnunternehmungen,
   b) die Konkurrenz zwischen Eisenbahnen und anderen Verkehrsmitteln,
   c) die Substitutionskonkurrenz im weiteren Sinn.
2. das Gesetz der Massennutzung (law of increasing returns).
3. staatliche Eingriffe, und zwar:
   a) im allgemeinen Interesse der Volkswirtschaft,
   b) Eingriffe zugunsten der Arbeiter.

Demgegenüber sind als preissteigernde Faktoren zu nennen:

1. Monopolistische Stellung einer Eisenbahnunternehmung,
2. Verbesserung der Qualität der Leistungen.

Im folgenden sollen diese Faktoren eingehender besprochen werden.

A. Preisdrückende Faktoren der Tarifbildung.

1. Die Konkurrenz.

a) die Konkurrenz zwischen einzelnen Eisenbahnunternehmungen.

I. Der Vollständigkeit halber soll hier ein Fall vorweggenommen werden, der nur noch von theoretischer Bedeutung ist: die Konkurrenz verschiedener Unternehmer auf der gleichen Schiene. Es ist dies das Analogon zu den Konkurrenzverhältnissen, wie sie beim Kanal-, Landstraßen- und Seeverkehr hauptsächlich in Erscheinung treten. Technisch ist eine solche Konkurrenz kaum denkbar, früher wurde sie gelegentlich ins Auge gefaßt.[1]

II. Ein ähnlicher Fall liegt dann vor, wenn eine Eisenbahnunternehmung einer andern gestattet, deren Züge auf einer ihr gehörenden Linie fahren zu lassen. Wir denken hier besonders an die sog. „running powers", die sich die englischen Bahnen früher bisweilen gegenseitig zugestanden hatten. Eine Konkurrenz auf der gleichen Schiene ist auch unter solchen Umständen denkbar. Doch darf man nicht außer acht lassen, daß eine solche Vereinbarung ein gewisses Freundschaftsverhältnis der betreffenden Gesellschaften zur Voraussetzung hat.

III. Sobald es sich nicht mehr um den Verkehr auf der gleichen Schiene handelt, gibt es keine technischen Hindernisse eines eigentlichen Konkurrenzverkehrs mehr.

Das einfachste Beispiel dieser Art besteht darin, daß zwei Unternehmer je eine Eisenbahnverbindung zwischen zwei Verkehrszentren unterhalten. Zum Zweck der folgenden Ausführungen nehmen wir an, daß die betreffenden Bahnhöfe am gleichen Ort nebeneinander liegen, daß die Verbindungslinien gleich lang sind, daß überhaupt keine der Linien sich durch irgendwelche Vorzüge von der andern unterscheidet.

Bei freier Konkurrenz wird jede der beiden Unternehmungen versuchen, einen möglichst großen Teil der Nachfrage nach Verkehrsleistungen zu befriedigen, oder mit andern Worten: möglichst viel Verkehr an sich zu ziehen. Als Kampfwaffe dient den zwei Gegnern die gegenseitige Preisunterbietung.

Es ist nun aber klar, daß die Preise auf die Dauer nicht beliebig weit hinabgedrückt werden können, ohne daß derart große Defizite entstehen, die letzten Endes nicht mehr tragbar sind. Deshalb besteht im allgemeinen die Tendenz, die Tarife auf einer Minimalgrenze festzu-

---

[1] In Großbritannien war die Konkurrenz auf der gleichen Schiene bis um die Mitte des 19. Jahrhunderts gesetzlich gestattet. Praktisch kam sie kaum in Frage. (Vgl. 2. Kapitel, II.)

halten und womöglich wieder auf ihren früheren Stand emporzuheben. Als Mittel solcher Politik kommen zwei Formen in Frage, entweder der Tarifvertrag oder die Fusion. Erstere war in Großbritannien eine häufige Erscheinung, während die Fusion von den Bahnen wohl immer angestrebt, aber vom Staat selten bewilligt wurde.[1]

IV. Heute unterbieten sich die Bahngesellschaften in Großbritannien, sowie innerhalb anderer europäischer Staaten, selten mehr in ihren Personenfahrpreisen. Woher kommt es denn, daß immer noch von Konkurrenz die Rede ist?

Was eben bei der Bildung von Tarifkartellen unberücksichtigt bleibt, sind die den Verkehrspreisen entsprechenden Leistungen, und was nach Aufhören der Tarifkonkurrenz weiterbestehen kann, ist die sogenannte competition of facilities, eine Erscheinung, die wir etwa mit Leistungskonkurrenz bezeichnen können. Denn die Qualitäten der Leistungen im Personenverkehr sind bei einzelnen Bahnen bisweilen stark verschieden.[2]

Bevor wir auf die Leistungskonkurrenz selbst näher eintreten, ist es wünschenswert, das Verhältnis von Tarif und Leistung einer genaueren Betrachtung zu unterziehen. Wir stützen uns dabei immer auf die in Absatz III erwähnten (theoretischen) Voraussetzungen zweier sich konkurrierender Bahngesellschaften, die wir mit G_1 und G_2 bezeichnen. Um möglichst klar zu sein, bedienen wir uns der mathematischen Ausdrucksweise.

T_1 sei der Tarif von G_1, T_2 derjenige von G_2. Als L_1 bezeichnen wir die Qualität der Leistungen von G_1 und als L_2 diejenige von G_2.

Dabei verhalten sich Leistung L und Tarif T der zwei Gesellschaften G_1 und G_2 wie folgt:

$$\underline{T_1 : L_1 = T_2 : L_2.}$$

Beweis: Wenn $T_1 : L_1 > T_2 : L_2$, wandert eine gewisse Verkehrsmenge von G_1 nach G_2 über, eine Störung des Gleichgewichts, die eintreten kann infolge

1. einer Zunahme von T_1 (was kaum vorkommen wird),
2. einer Abnahme von L_1 (was nicht gerade wahrscheinlich ist),
3. einer Abnahme von T_2 (was sehr wohl möglich ist),
4. einer Zunahme von L_2 (vorausgesetzt, daß zwischen G_1 und G_2 ein Tarifvertrag abgeschlossen worden, der weitaus häufigste Fall), oder

[1] Siehe 2. Kapitel, IV.

[2] Vgl. auch Marshall, l. c. S. 461.

5. einer Kombination zwischen den unter 1. bis 4. genannten Möglichkeiten.

Voraussichtlich wird nun aber G_1 in der Lage sein, durch Herabsetzung seiner Tarife T_1 oder einer Verbesserung seiner Leistungen den ihm verloren gegangenen Verkehr wieder zurückzugewinnen, und in kurzer Zeit wird unsere Formel $T_1 : L_1 = T_2 : L_2$ wieder ihre Gültigkeit haben. Es kann natürlich auch der Fall eintreten, daß G_1 für längere Zeit oder überhaupt nie mehr „aufzukommen" imstande ist, weil G_2 eine weitere Verminderung des Quotienten $\frac{T_2}{L_2}$ durchzuführen vermag, als G_1 auszuhalten imstande ist.

Für den Fall, daß $T_1 : L_1 < T_2 : L_2$ ergeben sich analoge Konsequenzen.

Daß diese Theorie keine bloße Spielerei ist, beweisen alltägliche Erscheinungen der Verkehrspolitik. Man denke nur an den internationalen Verkehr (z. B. die Strecke London—Paris). Am deutlichsten lassen sich obige Grundsätze an Hand der Konkurrenz verschiedener Verkehrsmittel veranschaulichen (Eisenbahn und Auto! vergl. dazu Kap. 4!).

Was nun speziell die Leistungskonkurrenz anbetrifft, so ist folgendes zu bemerken. Natürlich ist sie auch bei gleichzeitiger Tarifkonkurrenz möglich. Aber der Einfachheit halber gehen wir von der Voraussetzung aus, T_1 sei gleich T_2. Dann muß $L_1 = L_2$ sein. Die Leistungskonkurrenz besteht nun darin, daß sich die zwei Konkurrenten G_1 und G_2 in ihren Leistungen fortwährend überbieten. Es besteht allerdings die Tendenz, ähnlich wie die Tarife, auch die Leistungen vertraglich festzusetzen, was in bezug auf gewisse Leistungsfaktoren auch möglich ist. (Geschwindigkeit der Züge, Abfahrtzeiten usw.) Beschränkte Reibungsflächen lassen sich jedoch nicht vermeiden (oder wie will man die Freundlichkeit des Zugspersonals vertraglich festsetzen, um ein extremes Beispiel zu nennen?). Infolgedessen läßt sich die Leistungskonkurrenz kaum ganz ausschalten. Vielfach wird sie aber auch mit Absicht beibehalten.

Ist nun dadurch, daß diese Art von Wettbewerb eine Verbesserung der Leistungen verursacht, gesagt, daß sie eine preissenkende Wirkung ausübe? Ja und nein! Unmittelbar ist die Wirkung preissenkend. Denn dadurch, daß die Qualität der Leistungen gehoben wird, sinkt ceteris paribus der Preis für qualitativ gleiche Leistungen, oder mit anderen Worten: es sinkt der „spezifische Preis" (der „Real Preis"). Mittelbar glauben wir allerdings, der Leistungskonkurrenz eine preissteigernde Wirkung zuschreiben zu müssen. Doch darüber an anderer Stelle: Abschnitt B, 2 dieses Kapitels.

V. Die Voraussetzungen des unter III. dargestellten Konkurrenzfalls sind kaum gleichzeitig vorzufinden. Prinzipiell treffen jedoch die obigen Ausführungen auch zu, wenn die näheren Umstände etwas anderer Art sind. Tatsächlich konkurrenzieren sich die Bahngesellschaften weniger an ihren End- als an den sog. Knotenpunkten, zwischen welchen Verkehrszentren berührt werden, die auf eine einzige Bahn angewiesen sind. Im letzteren Fall handelt es sich um einen monopolartigen Verkehr der betreffenden Gesellschaft, es sei denn, daß diese durch ein Verkehrsmittel anderer Art konkurrenziert werde. Was den Verkehr zwischen Knotenpunkten anbetrifft, so können wir diese meistens mit den unter III. vorausgesetzten Endpunkten identifizieren, woraus sich die gleichen Wirkungen der Konkurrenz auf die Preise ableiten lassen.

VI. Allen bisherigen Beispielen ist gemeinsam, daß sich die Konkurrenten an mindestens zwei Berührungspunkten treffen. Dementsprechend zeichnet sich auch die Konkurrenz durch ein gemeinsames Merkmal aus, nämlich durch ihre linienartige Form. Daher der Ausdruck: Linienkonkurrenz.

Das Gegenstück zu dieser Art von Wettbewerb tritt dann in Erscheinung, wenn sich die betreffenden Konkurrenten nur an einem Punkt treffen. Allerdings betrifft diese Konkurrenz nur einen Teil der Kunden, nämlich jene, die zum Vergnügen reisen, bei denen die Ortsveränderung einen Akt der Konsumtion darstellt. Solche Fahrten sind nicht an eine bestimmte Richtung gebunden. Eine gewisse Fahrtrichtung von einem Eisenbahntreffpunkt aus kann durch eine andere ersetzt werden, ohne daß der Zweck der Reise verändert wird. Will man schon dieser Konkurrenzform einen besonderen Namen geben, so bezeichnet man sie am deutlichsten mit Substitutionskonkurrenz im engeren Sinn. Im engeren Sinn, weil nur die Substitution durch eine anders gerichtete Eisenbahnfahrt, nicht aber durch irgendeinen Akt der Konsumtion gemeint ist[1]. Daß diese Form des Wettbewerbs ebenfalls auf die Preise drückt, leuchtet ein.

---

[1] Weyl (cit. in Ripley, Railroads, Rates and Regulation, 1916, S. 115) hat wahrscheinlich auch diese oder eine analoge Art von Konkurrenz des Güterverkehrs im Auge, wenn er sagt: „Strictly speaking, permanent competition can exist, not between railroads struggling for the same traffic, but solely between those railroads, which have no territory in common.“ Der Amerikaner nennt diese Art von Konkurrenz „market competition“, so auch Sherrington, l. c. Bd. II, S. 303: „There is market competition, which forces the Londoner to consider, whether he shall visit Southend or Brighton, at Easter.“

b) Die Konkurrenz zwischen Eisenbahnen und anderen Verkehrsmitteln.

Während in früheren Zeiten hauptsächlich die Konkurrenz zwischen einzelnen Bahnen auf deren Beförderungspreise drückte, wirken in neuerer Zeit andere Verkehrsmittel in derselben Richtung. Nicht etwa, daß die Schiffahrt sich besonders hervortäte, dagegen erfreut sich das Flugzeug für große Distanzen immer größerer Beliebtheit, und dann vor allem ist es ein Vehikel, das die Bahnen zu zermalmen droht: das Automobil.

Die Automobilkonkurrenz ist eines der aktuellsten Probleme der Verkehrspolitik. Ihre preissenkende Wirkung steht außer allem Zweifel. Nahezu alle Bahnen sahen sich genötigt, besonders im Güterverkehr Preisermäßigungen zu gewähren, um einem fortwährenden Rückgang gewisser Verkehrsteile Einhalt zu gebieten. Während die Tarifkonkurrenz zwischen einzelnen Bahnunternehmungen jeweils nur vorübergehender Natur war, scheint es, als ob die Konkurrenz zwischen Auto und Eisenbahn kein Ende nehmen würde. Woher kommt dies?

Der Wettbewerb zwischen Eisenbahn und Auto ist ein Kampf zwischen zwei Parteien, von denen die eine, das Auto, eine bevorzugte Stellung einnimmt (einleitend zu der Darstellung der englischen Verhältnisse wird darüber Näheres ausgeführt). Das Auto ist deshalb konkurrenzfähiger, d. h. es kann im allgemeinen die Bahnfahrpreise fortwährend unterbieten. (Wir denken hier speziell an regelmäßig betriebene Autobuslinien.) Die Ursache dieser Verhältnisse ist hauptsächlich darin zu suchen, daß ein Teil der Autotransportkosten vom Staat oder anderen öffentlichen Körperschaften getragen wird. Die Bahn hatte seinerzeit um teures Geld eigene Linien zu bauen, das Auto verwendet die schon bestehenden Straßen und kommt vielfach nicht einmal in genügendem Maß für die durch seinen Verkehr vermehrten Unterhaltskosten der Straßen auf. Im Lauf der Zeit wird es notwendig werden, diese unterschiedliche Behandlung der zwei wichtigsten Verkehrsmittel des Landtransports durch ihre Gleichstellung abzulösen. Damit dürfte auch die preissenkende Wirkung der Autokonkurrenz abgeschwächt werden.

Es ist allerdings noch auf weitere Unterschiede des Eisenbahn- und Autotransports hinzuweisen. Dem letzteren steht meistens ein viel dichteres Liniennetz zur Verfügung als der Bahnunternehmung. Infolgedessen hat das Auto eine äußerst ausgedehnte Verwendungsmöglichkeit. Weiterhin ist zu berücksichtigen, daß die Straßen große und kleine Siedlungen direkt durchziehen. Deshalb ist das Auto viel eher in der Lage, den individuellen Transportbedürfnissen zu entsprechen als die

Bahn, deren Stationen erst nach Zurücklegung einer mehr oder weniger langen Wegstrecke erreicht werden können.

Fernerhin ist zu berücksichtigen, daß der Eisenbahnbetrieb nur dann wirtschaftlich ist, wenn die einzelnen Personen (oder Güter) in großen Quantitäten zugleich befördert werden. Demgegenüber stellt das Auto eine viel kleinere Betriebseinheit dar als ein Eisenbahnzug. Das hat zur Folge, daß eine Unternehmung, die einen regelmäßigen Autodienst betreibt, sich viel eher der Nachfrage nach Verkehrsleistungen anpassen kann als eine Eisenbahngesellschaft.

Im Gegensatz zu den erstgenannten Unterschieden der zwei Verkehrsmittel (Unterschieden, die auf eine bisherige und wahrscheinlich vorübergehende Bevorzugung des Autos oder Benachteiligung der Bahn zurückzuführen sind) werden die übrigen Differenzen immer bestehen bleiben. Deshalb wird das Auto bei freier Konkurrenz immer eine drückende Wirkung auf gewisse Transportpreise der Eisenbahnen ausüben.

Im einzelnen sind natürlich die Verhältnisse beim Güterverkehr anders als beim Personenverkehr. Was den letzteren anbetrifft, so hat man zu unterscheiden zwischen dem privat und dem gewerbsmäßig betriebenen Autotransport. Wo keine strengen Konzessionsbedingungen bestehen, ist im allgemeinen die regelmäßig betriebene Autolinie der heftigste Konkurrent der Bahnen, wenigstens war dies bis heute der Fall. In den USA und in geringerem Maß auch in Großbritannien hat er schon zur Außerbetriebstellung gewisser Nebenlinien geführt. Allerdings sind die Bahnen über diese Art von Wettbewerb besser orientiert als über die des Privatautos. Man weiß ungefähr, welche Reisendenschichten besonders an die Autobuslinien abgewandert sind, und die Bahnen können sich durch Einführung stark ermäßigter Ausnahmetarife zur Wehr setzen. Im übrigen wird diese Art von Konkurrenz durch kapitalistische oder bloß vertragliche Zusammenschlüsse zwischen Eisenbahn- und Autobetriebsunternehmungen nach Ablauf einer gewissen Kampfperiode jeweils beseitigt werden.

Der Verkehr des Privatautos konkurrenziert die Bahn im allgemeinen weniger stark, dafür steht sie ihm hilfloser gegenüber als dem Autobus. Als tarifarische Kampfwaffe kommt etwa eine Begünstigung des Luxus-Vergnügungsverkehrs in Betracht (qualitativ hohe Leistungen bei niedrigen Preisen)[1]. Auf alle Fälle müssen die Bahnen heute die größte Aufmerksamkeit der Qualität ihrer Leistungen schenken. Dadurch vermögen sie die Popularisierung des Autos bis zu einem gewissen Grad abzubremsen.

---

[1] Vgl. 3. Kapitel, Abschnitt VIII.

c) Die Substitutionskonkurrenz im weiteren Sinn.

Darunter soll jener Wettbewerb verstanden werden, der dadurch entsteht, daß die Nachfrage nach Verkehrsleistungen konsumtiver Art durch eine solche nach anderen Bedürfnisbefriedigungsmitteln ersetzt werden kann. Die Substitution einer bestimmten Verkehrsleistung durch eine andere (anders gerichtete) haben wir Substitutionskonkurrenz im engeren Sinn genannt, demgegenüber nennen wir die Substitution durch eine andere Art der Konsumtion eine solche im weiteren Sinn.

Die Grundlagen des Vergnügungsverkehrs — um den es sich hier besonders handelt — sind psychologischer Art. Das Bedürfnis nach einzelnen Vergnügungsarten ist bei jedem Menschen, aber auch bei jedem Volk verschieden. Es ist z. B. allgemein bekannt, daß der Brite mehr reist als der Franzose, obschon die englischen Bahnen durchschnittlich höher tarifieren als die französischen. Den Ursachen dieser Unterschiede nachzuspüren, würde uns zu weit führen, dagegen sei auf deren Bedeutung aufmerksam gemacht. Wenn in einem Land „A“ die Bahnen — ceteris paribus — dreimal mehr Personen befördern, als die eines Lands „B“, einfach deshalb, weil die Bevölkerung von „A“ reiselustiger ist als die von „B“, so wird sich dieser Unterschied in der Tarifpolitik der entsprechenden Bahnen auf irgendeine Art widerspiegeln[1].

In diesem Zusammenhang haben wir uns nicht mit dem Vergnügungsverkehr an und für sich, sondern mit der Konkurrenz zu befassen, die zwischen den Verkehrsmitteln überhaupt und anderen ebenfalls das Bedürfnis nach Vergnügen befriedigenden Anstalten besteht. Zugegeben: praktisch ist diese Art von Wettbewerb nicht von großer Bedeutung, aber von einem gewissen Einfluß auf die Personenfahrpreise ist sie dennoch. Will sich jemand ein Vergnügen leisten, so stehen ihm dazu verschiedene Möglichkeiten offen. Es dürfte gar keine Seltenheit sein, daß sich der Betreffende überlegt, ob er am nächsten Sonntag mit der Bahn nach dem Ausflugsziel X fahren soll (was ihm vielleicht 3 Shilling kosten würde), oder ob er die gleiche Summe Geldes dafür verwenden wolle, das Theater zu besuchen, oder sich ein neues Buch zu kaufen. Folglich konkurrenzieren sich in diesem Fall: Eisenbahn, Theater und Buchhändler.

Von einer sichtbar preissenkenden Wirkung dieser Art von Wettbewerb kann natürlich kaum die Rede sein. Trotzdem besteht sie, und

[1] Nach einer Statistik von Raper (Railway Transportation, New York und London, 1912, S. 29 ff.) führen die Engländer tatsächlich etwa dreimal mehr Eisenbahnfahrten aus (pro Einwohner) als die Franzosen, und durchfahren dabei erst noch bedeutend größere Distanzen, und dies ohne Rücksicht auf Auslandsreisen.

wirkt, weniger auf die Tarife überhaupt, als speziell auf gewisse Ausnahmetarife (billige Ausflugsfahrten!).

2. Das Gesetz der Massennutzung.

Die Kapitalkosten sind bei den Eisenbahnunternehmungen verhältnismäßig hoch. Deshalb wird aus betriebsökonomischen Gründen eine möglichst vollständige Ausnützung der Anlagen angestrebt. Je größer die Zahl der Nutzleistungseinheiten (z. B. Personenmeilen), desto geringer die spezifischen Kosten. Darin besteht eben das law of increasing returns[1] oder das Massengesetz des Transports, das, wie sich Karl Bücher ausdrückt, „besagt, daß seine (des Transports) anstaltsweise Ordnung nur unter der Voraussetzung möglich ist, daß eine relativ hohe Transportmenge gesichert ist, daß aber von diesem Punkt ab mit der wachsenden Menge der Beförderung die Kosten sich vermindern“[2]. Johnson und Huebner betonen, daß das Gesetz der Massennutzung besonders auch für den Personenverkehr Geltung habe: „The law of increasing returns or of diminishing costs operates so strongly in the passenger transportation business of the railways that the expenses per passenger per mile fall sharply and the net returns rise markedly with every increase in the volume of business, unless per chance ...“[3].

Ohne Ausnahme sinken zwar die spezifischen Kosten nicht. Wird nämlich durch die Verkehrsteigerung eine Überschreitung des relativen Intensitätsmaximums[4] verursacht, so kann die dadurch verursachte Kapitalvermehrung vorübergehend eine Erhöhung der spezifischen Kosten zur Folge haben[5].

Ist es nicht einleuchtend, daß die Tendenz zum Massenverkehr von einer solchen zur Preissenkung begleitet wird? Der Zusammenhang zwischen Kosten und Preis ist jedoch nicht derart, daß, weil die Kosten abgenommen haben, die Preise gesenkt werden können; sondern man ermäßigt bisweilen die Preise, um dadurch eine Verminderung der spezifischen Kosten herbeizuführen.

Wie sich im einzelnen diese Tendenz auswirkt, hängt von einer Reihe von Faktoren ab, die bei der einen Bahn mehr, bei der andern we-

---

[1] Diese Bezeichnung ist besonders in der amerikanischen Literatur vorzufinden; vgl. z. B. Ripley, Railroads, Rates and Regulation, 1916, S. 71.

[2] Karl Bücher, Die Entstehung der Volkswirtschaft, Vorträge und Aufsätze, 2. Sammlung, Tübingen, 1918, Abschn. XII, S. 192/193.

[3] Johnson und Huebner, Railroad Traffic and Rates, New York und London, 1925, 2. Bd., S. 217.

[4] Nach der Terminologie von Sax.

[5] Vgl. Sax, Die Verkehrsmittel in Volks- und Staatswirtschaft, Berlin 1922, 3. Bd., S. 293, 295.

niger ins Gewicht fallen. Einer dieser Faktoren ist zweifelsohne die Elastizität der Nachfrage. Das Streben nach einer Verkehrsteigerung wird auch verschieden sein, je nachdem die absolute Verkehrsintensität einer Bahnunternehmung (oder Bahnlinie) hoch oder niedrig ist. Im letzteren Fall wird sich eine preissenkende Tendenz am deutlichsten zeigen, vorausgesetzt allerdings, daß die wirtschaftliche Struktur des betreffenden Lands (oder Gegend), die Konjunkturprognose, u. a. m. nicht von vornherein eine Verkehrsteigerung als unwahrscheinlich erscheinen lassen[1].

Ist dagegen die absolute Intensität des Verkehrs beträchtlich, so kommt es darauf an, ob die bestehenden Anlagen noch aufnahmefähig sind, mit anderen Worten: ob der Verkehr von der Grenze des relativen Intensitätsmaximums noch weit entfernt oder an ihr schon angelangt ist. Im ersten Fall wird der Wunsch der Bahnunternehmung, den Verkehr möglichst zu steigern, sehr groß, im letzteren eher sehr klein sein. Die nahezu überall durchgeführte Vereinheitlichung der Tarife macht natürlich eine Anpassung an die Intensität einzelner Netzesteile — geschweige denn einzelner Linien — unmöglich. Deshalb ist heute nur noch der Durchschnitt der einzelnen relativen Intensitäten dafür maßgebend, ob die Tendenz der Verkehrsteigerung mittels niedriger Preise wesentlich ist oder nicht. (In Großbritannien haben die Bahnen auch heute noch die Möglichkeit, für einzelne Fahrtstrecken niedriger als anderswo zu tarifieren.)

Nun kann man aber auch die Preisdifferenzierung als eine in erster Linie den Verkehr steigernde Maßnahme beurteilen. Tatsächlich ist diese vielfach nichts anderes als eine Wirkung des Gesetzes der Massennutzung; nur daß eben hier die preissenkende Wirkung nicht auf den Verkehr überhaupt, sondern nur auf einzelne Verkehrsteile ausgelöst wird. Wenn diese Art der Preissenkung in Form von ermäßigten Ausnahmetarifen — erhöhte Ausnahmetarife gibt es übrigens relativ selten — deutlicher in Erscheinung tritt als die mehr allgemeine, die wir weiter oben im Auge hatten, so darf sie in ihrer Bedeutung nicht etwa über-

[1] Diese für die Möglichkeit einer Verkehrsteigerung maßgebenden Faktoren sind nicht nur bei den einzelnen Bahnunternehmungen, sondern auch bei einzelnen Eisenbahnlinien verschieden. Tarifpolitisch war es deshalb nicht immer vernünftig, die Tarife innerhalb eines ganzen Lands zu vereinheitlichen ohne Rücksicht auf die wirtschaftliche Entwicklung einzelner Landesgegenden — nur um dem Begehren nach Gleichbehandlung zu entsprechen, wie dies auf dem europäischen Kontinent meistens gegen Ende des vorigen Jahrhunderts durchgeführt wurde. In Großbritannien kennt man die formale Tarifeinheit in einem gewissen Sinne zwar schon seit langem, nicht aber die materielle, die auch heute noch nicht strikte überall durchgeführt ist.

schätzt werden, denn sie betrifft schließlich nur einen gewissen Ausnahme- und nicht den gesamten Normalverkehr. Zudem ist ein großer Teil der Ausnahmetarife auf die Substitutionskonkurrenz im engeren oder weiteren Sinn zurückzuführen.

Im übrigen sei noch darauf hingewiesen, daß an Stelle oder neben der preissenkenden eine leistungsverbessernde Wirkung treten kann.

3. Staatliche Eingriffe.

a) Im allgemeinen Interesse der Volkswirtschaft.

Unsere Zusammenstellung der preissenkenden Faktoren wäre unvollständig, würden wir nicht auch auf die gewissermaßen von außen her in die Betriebsökonomie der Bahnen eingreifenden Maßnahmen des Staats hinweisen. Das Formelle sei dabei außer acht gelassen, denn ob solche Eingriffe in besonderen Gesetzen, Konzessionsbestimmungen oder anderen Normen bestehen, ist — vom ökonomischen Standpunkt aus gesehen — grundsätzlich irrelevant.

Weil die Bahnen für gewisse Transporte das Monopol haben, können sie zum Teil relativ hoch tarifieren, ohne daß der betreffende Verkehr merklich zurückgeht. Volkswirtschaftlich kann dies, weil gewisse Konsumenten und Produzenten übermäßig belastend, von Nachteil sein. Darin liegt die Hauptursache des staatlichen Willens, die Verkehrspreise maximal zu begrenzen oder sogar selbst festzusetzen. Inwiefern derartige Eingriffe zweckmäßig, und welche Gesichtspunkte dabei zu berücksichtigen sind, kann an dieser Stelle nicht erörtert werden, denn wir wollen nicht Tarifpolitik treiben. Unsere Aufgabe besteht einfach darin, festzustellen, ob dieser preisbildende Faktor überhaupt von Bedeutung ist, und wenn ja, in welchem Sinn.

Die Geschichte der englischen Eisenbahnen zeigt mit aller Deutlichkeit, wie die vom englischen Parlament schon frühzeitig festgesetzten Tarifmaxima relativ selten wirksam waren, weil sie zu hoch angesetzt worden sind. Die übrigen preissenkenden Faktoren (Konkurrenz und Gesetz der Massennutzung) haben eine Ausnutzung des Monopolverkehrs im Sinn hoher Tarife — abgesehen natürlich von wenigen Ausnahmen — ohnehin verunmöglicht. In andern Ländern haben bloße Maximaltarife auch nicht viel mehr die tatsächlichen Tarife zu beeinflussen vermocht. Diese Feststellung bezieht sich nur auf die „Normaltarife“ des Personenverkehrs. Weil eben solche Tarifgrenzen für ganze Gegenden, oder besser: ganze Länder gelten mußten, waren sie meistens von illusorischer Wirkung.

Anders verhält es sich dann, wenn der Staat nicht nur maximale Grenzen festsetzt, sondern vollkommene Tarifhoheit ausübt. Unter diesen

Umständen ist es jedoch nicht mehr möglich, festzustellen, inwiefern die (nivellierten) Tarife auf bloß gemeinwirtschaftliche Rücksichtnahme zurückzuführen sind.

Wesentlich wirksamer ist der staatliche Tarifeingriff, wenn er sich nur auf einen bestimmten Verkehrsteil bezieht, sei es, daß dadurch ein Ausnahmetarif herabgesetzt oder neu eingeführt wird. Hierbei kann man sich eben auf eine bestimmte Reisendenschicht stützen, von der bekannt ist, daß sie bisher zu stark belastet worden ist, und über deren Zahlungsfähigkeit man ebenfalls besser orientiert ist, als wenn es sich um den Gesamtverkehr handelt. Der bedeutendste dieser Ausnahmetarife ist der aus sozialpolitischen Rücksichten den meisten europäischen Bahnunternehmungen vorgeschriebene „Arbeitertarif". Im folgenden sind die Bestimmungsgründe dieser besonderen Verkehrspreise dargelegt.

b) Eingriffe zugunsten der Arbeiter.

Den meisten europäischen Bahnen wurde im Lauf der Zeit ein besonderer für bestimmte Arbeitnehmer geltender Ausnahmetarif vorgeschrieben. Damit hat man jenen Personen, die, um vom Wohnort zur Arbeitstätte und wieder zurück zu gelangen, genötigt sind, die Bahn zu benutzen, und die ein kleines Einkommen beziehen, eine Vergünstigung gewährt. In welchem Maß die Staatsintervention in diesem Sinn eingegriffen hat, wird durch eine Reihe von Faktoren bestimmt, von denen die wichtigsten hier aufgezählt seien:

1. Die soziale Differenzierung der Bevölkerung. Ist diese gering, so wird auch das Bedürfnis nach sozialpolitischen Ausnahmetarifen unbedeutend sein. Die von den Bahnen aus eigenem Antrieb eingeführten Dauerkartentarife können unter solchen Umständen eine genügende Ermäßigung darstellen. (Es kommt natürlich darauf an, wie hoch diese Dauerkartentarife sind, wie unten noch ausgeführt wird.) Bezieht dagegen ein größerer Teil von Lohnarbeitern nur ein geringes Einkommen, so gibt es wohl kaum einen andern Ausweg, als den Bahnen sowie anderen Transportmitteln besonders niedrige Arbeitertarife vorzuschreiben. Nun sind zwar die Reallöhne innerhalb eines Lands und bei den einzelnen Berufszweigen verschieden hoch. Wie kann solchen Ungleichheiten Rechnung getragen werden? Jedem Sonderbedürfnis zu entsprechen, würde eine Kompliziertheit hervorrufen, die entschieden zu verwerfen ist. Es bleibt kein anderer Ausweg, als daß man sich auf einige wenige, oder sogar einen einzigen Tarif beschränkt, und um dabei niemanden zu stark zu belasten, wird man sich den niedrigsten Löhnen anzupassen haben. In Wirklichkeit geht man kaum derart weit hinunter

— bisweilen ist es auch wegen der Lohnschwankungen nicht möglich —, weil eben auf die Betriebsökonomie Rücksicht genommen wird.

2. Der Grad der Industrialisierung eines Lands. In vorwiegend agrarischen Ländern wird dem Bedürfnis nach besonderen Arbeitertarifen wenig Aufmerksamkeit geschenkt. In industriell stark entwickelten Ländern ist eher das Gegenteil der Fall. Auf die Tarifhöhe hat der Grad der Industrialisierung insofern einen entscheidenden Einfluß, als eine große Zahl von Lohnarbeitern ihre Forderungen auf niedrige Tarife eher durchzusetzen versteht als eine kleine. Dazu kommt der Umstand, daß die Bahnen den Wünschen einer großen Käuferzahl — die ganze Züge zu füllen vermag und zu mehr oder weniger bestimmten Zeiten befördert zu werden wünscht — mehr Interesse entgegenbringt, als wenn es sich um eine kleine Gruppe von Personen handelt. Die Art der Siedlungen ist dabei auch von Bedeutung, wohnen die Käufer von Arbeiterkarten in besonderen Quartieren (oder Vororten von Industriestädten), so kann der Transport relativ rationell gestaltet werden.

3. Die Höhe der übrigen Tarife. Es ist auch ohne weiteres klar, daß selbst der niedrigste Ausnahmetarif in einem gewissen vernünftigen Verhältnis zu den übrigen Verkehrspreisen festgesetzt werden soll. In unserem Fall kommt es besonders auf die Beziehung der Arbeitertarife zu den gewöhnlichen Dauerkartentarifen an. Sind letztere hoch angesetzt, so trifft dies mehr oder weniger auch für die ersteren zu. Selbst die Höhe der gewöhnlichen Normaltarife (oder besser noch: der Tarife der gewöhnlichen Hin- und Rückfahrten) beeinflußt die Arbeitertarife. Dem Käufer von Arbeiterkarten und dessen Vertreter, dem Staat, ist es zwar ziemlich gleichgültig, wie sich der Arbeitertarif zu den übrigen Tarifen verhält. Jedoch im Interesse der Betriebsökonomie und der Käufer, die von diesem Ausnahmetarif Gebrauch zu machen nicht das Recht haben, ist eine angemessene Abstufung der einzelnen Verkehrspreise geboten.

B. Preissteigernde Faktoren der Tarifbildung.

I. Monopolistische Stellung einer Eisenbahnunternehmung.

Hat die Konkurrenz eine preissenkende Wirkung, so muß ihr Gegenstück, das Monopol, von umgekehrtem Einfluß auf die Preisbildung sein. Nun hat allerdings keine Bahn ein vollständiges Monopol, nicht einmal innerhalb eines bestimmten Gebiets. Dies geht schon aus den vorausgehenden Ausführungen über die preissenkenden Faktoren hervor. Aber es gibt gewisse — wenn auch relativ unbedeutende — Verkehrsteile, die mehr oder weniger auf die Eisenbahn angewiesen sind, und zwar deshalb, weil es kein anderes Verkehrsmittel gibt, das größere Distanzen bei allen Wetterverhältnissen mit beträchtlicher Geschwindigkeit zurückzulegen vermag. Es ist klar, daß eine Privatbahn bestrebt ist, solche Verkehrsteile möglichst hoch zu belasten. Gelingt es ihr? Ja und nein! Will eine Verkehrsunternehmung die Wertschätzung jener Reisenden, die auf ihre Leistungen nicht verzichten können, unbedingt ausnutzen, so steht einer solchen Preispolitik (hohe Fahrpreise) — abgesehen von der Geltendmachung gemeinwirtschaftlicher Interessen — direkt nichts im Weg. Hingegen ist es sehr fraglich, ob diese Methode vom ertragswirtschaftlichen Standpunkt als wünschenswert erscheint. Letzten Endes hat sich eben eine Bahnunternehmung nach der Mehrheit der Käufer ihrer Leistungen zu richten. Diese Mehrheit aber verschwindet, sobald der Fahrpreis eine bestimmte Grenze überschreitet.

Jedoch ganz hilflos steht die Bahn dem Faktum, daß ein Teil von Käufern auf sie angewiesen ist, doch nicht gegenüber. Eine beschränkte Ausnutzung ihrer monopolistischen Stellung ist möglich. Indem sie nämlich die gesamte Verkehrsmasse durch Differenzierung der Preise in Schichten aufteilt, entsteht eine „oberste“ Schicht, die die höchste Belastung erträgt. Je besser es nun gelingt, einen möglichst großen Prozentsatz des Monopolverkehrs in dieser Schicht zu belassen, den übrigen Verkehr dagegen auf die andern Schichten zu verteilen, desto eher wird es einer Bahn möglich sein, ihre monopolistische Stellung auszunutzen.

Zur Illustration dieser Theorie seien hier einige konkrete Beispiele von Monopolpreisen angeführt. Die schweizerischen Bundesbahnen belasten den durchgehenden Gotthardverkehr mit sog. Bergzuschlägen, die damit begründet werden, daß die starken Steigungen u. a. m. erhöhte Kosten verursachen. Diese Zuschläge sind jedoch im Grunde nichts anderes als die besondere Tarifierung eines monopolartigen Verkehrs, denn die Personenfahrten der einheimischen Bevölkerung werden zu gewöhnlichen Preisen ausgeführt, wie wenn diese weniger Kosten verursachen würden[1]. In manchen Ländern werden für die Schnellzüge besondere Zuschläge erhoben. Wenn auch die vielfach gegebene Begründung, man müsse dadurch diese Züge entlasten, oft ihre Richtigkeit haben mag, so ist es anderseits doch klar, daß diese Zusatzbelastung nur unter zwei Voraussetzungen möglich ist: verhältnismäßig

[1] Auch werden für den Güterverkehr zwischen Deutschland und Italien wegen der Konkurrenz anderer Alpentraversalen vielfach besondere Ermäßigungen gewährt. Monopolartig ist nämlich nicht der internationale Verkehr, sondern derjenige von und nach dem nördlich und südlich nächstgelegenen Einzugsgebiet.

hohe Bewertung der Schnellzugleistungen durch die Reisenden und weniger starke Konkurrenzierung der Eisenbahn im Fern- als im Nahverkehr. Ist einmal der Flugverkehr nur halb so populär wie die Eisenbahn, so werden die Schnellzugzuschläge ganz bestimmt verschwinden (ceteris paribus). Um die gleiche monopolistische Mehrbelastung handelt es sich dann, wenn — wie in Frankreich und teilweise in andern Ländern — in Zügen mit der größten Geschwindigkeit („trains rapides") die billigste Wagenklasse nicht mitgeführt wird. Die englische Südbahn hat einen Tarif mit besonders hohen Sätzen für ihren internationalen, von und nach London gerichteten Personenverkehr (vgl. 3. Kap. I, 2, d). Diese Mehrbelastung kommt einfach davon her, daß die englische Südbahn für die Verbindung England—Frankreich ein gewisses Monopol besitzt. Es würde übrigens auch keinem Engländer einfallen, als Grund hierfür irgendwelche Sonderkosten anzuführen, wie es so viele kontinentale Eisenbahnfachleute zu tun gewohnt sind. Die deutlichste Veranschaulichung der obigen Monopoltheorie wird jedoch durch die relativ hohe Belastung der Normalkäuferschicht der englischen Hauptbahnen gegeben. Darüber wird an anderer Stelle ausführlich berichtet (vgl. insbesondere 5. Kapitel, Abschnitt II).

Durch diese Ausführungen sollte eigentlich nur gezeigt werden, daß die monopolistische Stellung einer Bahnunternehmung ausgenützt werden kann und teilweise auch ausgenützt wird. Ob ein derartiges Verfahren auch vorteilhaft ist, haben wir noch nicht entschieden. Es würde aber zu weit führen, uns auf tarifpolitische Erwägungen einzulassen. Tariftheoretisch ist noch darauf hinzuweisen, daß natürlich das Gesetz der Massennutzung der Ausnützung von monopolistischen Stellungen entgegenwirkt. „Denn in der Bemessung des Monopolgewinnes standen schon die ältesten Bahnen unter dem Zwang des Wirtschaftsgesetzes[1]. Diesem Gesetz zufolge wird die höchste Rentabilität einer Transportanstalt dann erzielt, wenn sie bei möglichst günstigem Betriebskoeffizienten möglichst viele Gewichtseinheiten zu einem möglichst hohen Einheitssatze befördert"[2].

2. Verbesserung der Qualität der Leistungen.

Es ist eine Tatsache, daß die Leistungen der Eisenbahnen im Lauf der Zeit ganz wesentliche Verbesserungen erfahren haben. Einmal wurde die Geschwindigkeit der Züge mehr oder weniger erhöht, woraus sich für die Reisenden beträchtliche Zeitersparnis ergeben hat. Vor allem

---

[1] Damit ist wahrscheinlich das Gesetz der Massennutzung gemeint.
[2] So Edwards, in einem Aufsatz: Die Grundlagen des Eisenbahntarifwesens, Weltwirtschaftliches Archiv, 7. Bd., (1916), S. 275.

aber wurde auch der Ausstattung der Personenwagen vermehrte Aufmerksamkeit geschenkt. Schließlich sei noch auf die Modernisierung der Bahnhofsanlagen hingewiesen.

Worin liegt die Ursache dieser Entwicklung? Die Leistungskonkurrenz ist an erster Stelle zu nennen. Außerdem hat auch eine gewisse Rivalität zwischen Bahnunternehmungen, die sich im Grunde genommen nicht konkurrenzieren, auf eine fortwährende Verbesserung der Leistungen hingewirkt. Last not least ist darauf hinzuweisen, daß die Qualität der Leistungen als Mittel der Verkehrswerbung eine ganz wesentliche Rolle spielt.

Es liegt nun auf der Hand, daß die Wertschätzung, die vom Reisenden einer Verkehrsleistung entgegengebracht wird, in hohem Maß beeinflußt wird von deren Qualität. Mit andern Worten: für eine komfortable Reise ist man im allgemeinen gewillt, mehr, bisweilen sogar bedeutend mehr zu zahlen als für eine primitive. Dies trifft besonders auf Reisen konsumtiver Art zu.

Die logische Folge ist, daß das Verkehrsunternehmen versucht, die Preise der erhöhten Wertschätzung nach Möglichkeit anzupassen. Dies ist allerdings nicht leicht, es dürfte im Hinblick auf das Risiko, das mit Preiserhöhungen verbunden ist, vielfach überhaupt nicht möglich sein. Auf alle Fälle jedoch besteht die Tendenz dazu (was mehr von theoretischer denn von praktischer Bedeutung ist), und deshalb hatten wir auch diesen preisbestimmenden Faktor anzuführen.

Abschließend ist noch zu bemerken, daß die von uns aufgezählten preisdrückenden und preissteigernden Faktoren natürlich nicht alle überall gleichmäßig von Einfluß sind. Im Einzelfall dürfte z. B. bald die Konkurrenz zwischen der Eisenbahn und einem andern Verkehrsmittel, bald die monopolistische Stellung einer Bahnunternehmung von maßgebender Bedeutung für die Festsetzung der Preishöhe sein. Zu beachten ist außerdem, daß es neben den hier aufgezählten noch andere, weniger bedeutende Faktoren der Preisbildung gibt, Faktoren, die unter Umständen als ausschlaggebend für eine bestimmte Preiserhöhung oder Preissenkung betrachtet werden müssen. Von diesen, theoretisch weniger bedeutenden, preisbildenden Einflüssen erwähnen wir die Mentalität der Bevölkerung, die starke Veränderung des Geldwertes, die Konjunkturprognose und etwa noch die Konstellation des internationalen Durchgangverkehrs.

Wenn wir unser Hauptaugenmerk auf die Konkurrenz gelenkt haben, so geschah dies nicht aus dem Grund, weil wir sie als den allgemein wichtigsten preisbildenden Faktor betrachten, sondern im Hinblick darauf, daß die Konkurrenz für die Gestaltung und Höhe der Personenfahrpreise in Großbritannien eine wesentlich größere Rolle spielt als z. B. in den Ländern des europäischen Kontinentes.

Die bisherigen Ausführungen hielten wir für notwendig, weil wir die tatsächliche Gestaltung der Personenfahrpreise nur vom Standpunkt einer bestimmten Theorie systematisch darstellen und auf ihre Zweckmäßigkeit hin untersuchen können. Bevor wir jedoch zur Darstellung der gegenwärtigen englischen Eisenbahnfahrpreise übergehen, soll zunächst im folgenden — zum besseren Verständnis gewisser englischer Besonderheiten — eine kurze Geschichte der englischen Eisenbahnen, gleichsam eine historische Grundlage unserer Arbeit, eingefügt werden.

Zweites Kapitel:

Aus der Geschichte der englischen Eisenbahnen.

I. Landstraßen, Kanäle und Eisenbahnen.

Die erste Dampfeisenbahn Großbritanniens war auch die erste der Welt. Das Jahr 1825, in welchem die Linie von Stockton nach Darlington eröffnet wurde, markiert in der Tat den Anfang einer neuen verkehrsgeschichtlichen Epoche.

Vor allem jedoch war die erste Dampfbahn eine technische Neuerung. Diese wurde dann allerdings zu einem bedeutenden Faktor der Wirtschaft im allgemeinen und des Verkehrs im besonderen. Daß man damals nicht voraussehen konnte, welche Rolle diesem neuen Verkehrsmittel zuteil werden sollte, ist ebensogut verständlich, wie wenn wir heute noch nicht wissen, welche Entwicklung die Luftschiffahrt noch nehmen wird.

Es ist deshalb begreiflich, wenn das englische Parlament in seiner gesetzgeberischen Tätigkeit sich an die Legislatur älterer Verkehrsmittel anlehnte. Wenn andere Länder eine bessere als die englische Eisenbahnreglung einführten, so hat man zu berücksichtigen, daß sich diese die Erfahrungen der Eisenbahnpioniere zunutze machen konnten.

Die englischen Landstraßen waren noch zu Anfang des vorigen Jahrhunderts im Besitz privater Gesellschaften, der sog. Turnpike Trusts, denen sie seit dem 17. Jahrhundert überlassen worden waren. Gegen Entrichtung einer Abgabegebühr an den Trust stand die Benutzung einer Turnpike Road jedermann offen[1]. Zwischen den einzelnen Fracht- und Personenführern herrschte freie Konkurrenz, und nur

[1] Ein analoges System findet sich heute bei einigen ausgesprochenen Automobilstraßen, die von privaten Gesellschaften gebaut und betrieben werden.

die Trusts konnten sich einer teilweisen Monopolstellung erfreuen. Dafür wurden die den Trusts zufließenden Abgaben durch die sog. Private Acts maximal beschränkt. Ganz gleich verhielt es sich damals mit der Ökonomik der Kanäle. Auch hier eine besondere Canal Company, der die einzelnen Frachtführer die durch Gesetz (Private Act) maximal begrenzten Abgaben zu entrichten hatten (wie dies übrigens heute noch der Fall ist).

Als nun die ersten Eisenbahnen aufkamen, hat man geglaubt, das gleiche System würde auch dieses neue Verkehrsmittel beherrschen, die Railway Company würde die Linie bauen, und darauf sollte — der freien Konkurrenz wegen — jedermann das Recht besitzen, mit seinen Fahrzeugen die Schienen zu befahren. Man dachte nichts anderes, als daß sich die einzelnen Fracht- und Personenführer auf einer und derselben Eisenbahnschiene konkurrenzieren würden, wie das eben auf den Landstraßen und Kanälen der Fall war und heute noch ist[1]. Es leuchtet ohne weiteres ein (und hätte damals auch einleuchten sollen!), daß sich aus einer derart freien Wirtschaft schwere Kollisionen ergeben würden. Die erhöhte Geschwindigkeit und das Gebundensein an eine bestimmte Schiene erforderte im Interesse der Sicherheit und eines rationellen Betriebs eine einheitliche Direktion, und es war das einzig Mögliche, wenn die Railway Companies, die die Linien bauten, auch den Betrieb selbst übernahmen[2]. Dadurch wurde auch jene Art von Konkurrenz ausgeschaltet, die auf den Landstraßen und Kanälen herrschte, und damit hängt es auch zusammen, daß man den Eisenbahnen ein sog. natürliches Monopol zugeschrieben hat[3].

So hat denn dieser — primär rein technische — Unterschied zwischen den bisherigen Verkehrsmitteln und der Eisenbahn auch einen öko-

---

[1] „During the first three decades of the nineteenth century railways were looked upon in precisely the same light as turnpikes and canals, namely rights of way, upon which individuals would run their own vehicles or boats .... Hence the first Act of legislature, which may be said to affect rail transport added the words „tramways" and „railways" to the provisions already applying to turnpike roads and canals." Sherrington, l. c. 1. Bd., S. 226.

[2] „Im Jahr 1833 waren es fast drei Jahre, daß die Eisenbahn von Liverpool nach Manchester im Gang war; man hatte in diesem Zeitraume sattsam Gelegenheit gehabt, sich durch die praktischen Erfahrungen zu überzeugen, ... daß durch die Natur des Eisenbahnbetriebs eine Konkurrenz verschiedener Unternehmer auf derselben Schiene unmöglich sei." Cohn, Untersuchungen über die englische Eisenbahnpolitik, Leipzig, 1874, 1. Bd., S. 45.

[3] Und zwar ist von gewissen Engländern schon am Anfang der Eisenbahnentwicklung darauf aufmerksam gemacht worden, daß „die Eisenbahnen ihrer Natur nach stets ein virtuelles Monopol sein müßten". Cohn, l. c. 1. Bd., S. 58

nomischen zur Folge gehabt. Weil dieser nicht rechtzeitig erkannt worden ist, konnte auch die Gesetzgebung mit der Entwicklung nicht Schritt halten. Darauf sind u. E. gewisse Nachteile zurückzuführen, die sich lange Zeit hindurch ungünstig auswirken mußten, ja sogar heute bisweilen noch verspürbar sind (z. B. die Überkapitalisation). Logischerweise hat sich die „misconception of the true nature of railways" auch in der Tarifpolitik wiedergespiegelt[1]. Doch soll von den Tarifen erst später die Rede sein.

II. Die ersten Eisenbahngesetze und die anfängliche Entwicklung des Eisenbahnnetzes.

Wie für jede Canal Company, so war auch für jede einzelne Railway Companie ein besonderes Gesetz, eine sog. Private Act notwendig. Die darin enthaltenen Bestimmungen waren nicht etwa einheitlich (wie bei den meisten kontinentalen Konzessionen), denn die zur Ausarbeitung solcher Gesetze bestellten Parlamentsausschüsse ließen sich weitgehend von lokalen und anderen Interessen beinflussen. Außer diesen Private Acts wurden zwar im Lauf der Zeit — erstmals 1838[2] — allgemeingültige Eisenbahngesetze (Railway Acts) erlassen. Doch hat man damit nur ausnahmsweise die Ökonomik des Eisenbahnverkehrs beeinflußt. In den Private Acts wurden auch die Tarifmaxima festgelegt, d. h. die Grenzen, über die hinaus keine Fahrpreise oder Frachtsätze erhoben werden durften. Diese Sätze waren nicht etwa für alle Bahnen die gleichen, sondern sie wurden für jede einzeln genehmigte Bahnlinie besonders bestimmt. Dieses Verfahren kam natürlich einer Bevorzugung gewisser Gesellschaften gleich, es scheint uns aber prinzipiell richtiger, auf die lokalen Bedürfnisse Rücksicht zu nehmen, als — wie es auf dem Kontinent meistens der Fall ist — die Tarife einheitlich für ein ganzes Land schablonenmäßig festzulegen. Weniger begreiflich ist es, daß auch die Gewinne ungleich beschränkt worden sind. Während die Konzession der einen Gesellschaft vorschrieb, daß die

---

[1] Weyl, The Passenger Traffic of Railways (S. 93), charakterisiert diese Zusammenhänge trefflich folgendermaßen: „It is probable, that the failure of the British Parliament adequately to provide for the regulation of rates and fares on railways was due, in part at least, to its misconception of the true nature of railways. It was not the intention of Parliament to give the railway-companies a complete (?) monopoly over their roads, and provision was made to enable anyone to use his own locomotive power upon the line of the railway-companies."

[2] An Act to provide for the Conveyance of the Mails by Railways, 1838. 1 u. 2 Vict., Kap. 98.

Tarifmaxima bei einer bestimmten Dividendenhöhe herabgesetzt werden sollten, fehlte bei der andern eine analoge Bestimmung[1].

Die gesamte Eisenbahnpolitik des englischen Parlamentes wird am besten durch dessen negative Einstellung gegenüber der Entwicklung des neuen Verkehrsmittels charakterisiert. Obwohl man erkannte, daß die Eisenbahn das Verkehrsmittel der Zukunft sein werde, hielt man es nicht für angebracht, auch konstruktiv an dessen Aufbau mitzuwirken, denn man huldigte ja damals ausgesprochen dem Liberalismus. Und doch hat gerade zu jener Zeit die manchesterliche Wirtschaftsauffassung einen gewaltigen Stoß erlitten, indem es sich eben zeigte, wie leicht sich die Eisenbahngesellschaften durch Zusammenschlüsse zu Monopolen entwickeln können[2].

Dadurch, daß man den Eisenbahnbau ausschließlich privatem Unternehmungsgeist überlassen hat, wurden nur solche Linien gebaut, die große Gewinne in Aussicht stellten. Nicht daß etwa alle den Parlamentsausschüssen vorgelegten Bauprojekte genehmigt worden wären, aber es gab Gebiete (z. B. solche mit stark agrarischem Charakter), für die eine Bahn von großem volkswirtschaftlichen Nutzen gewesen wäre, die aber nicht das nötige Interesse der Finanzkreise fand. Nur ganz ausnahmsweise wurden durch Unterstützung von öffentlicher Seite derartige Linien gebaut[3].

Anfänglich haben sich die Kanalgesellschaften mit aller Energie gegen den Bau von Bahnen gewehrt, und sie haben dementsprechend das Parlament zu beeinflussen vermocht, so daß bis zum Jahr 1832 nur wenige, unbedeutende Projekte genehmigt worden sind. Erst nachdem sich die Liverpool-Manchester-Bahn bewährt hatte, gelang es, die Zustimmung des Parlaments für eine Reihe größerer Linien zu erwirken. Kurz nacheinander wurden die Strecken: London—Birmingham, Liverpool—Bir-

---

[1] So fehlte z. B. in den Acts der Bahn von London nach Southampton und der Great-Western-Bahn „eine Bedingung wie jene, daß bei einer Höhe der Dividende von 10 % eine entsprechende Herabsetzung der Maxima erfolgen solle, . . . obwohl sie bei einigen kleineren Lokalbahnen, die nach 1826 bewilligt wurden, wiederholt worden war“. („Wiederholt“, weil diese Dividendenbegrenzung schon in der Act der Liverpool-Manchester-Bahn festgelegt worden war.) Cohn, l. c. 1. Bd., S. 44.

[2] Immerhin ist die Konkurrenz, als „einzig wirksames Kontrollmittel des privaten Monopolstrebens“, damals noch lange nicht „völlig zusammengebrochen“, wie Böhler (Archiv f. Eisenbahnwesen 1922, S. 2) zu wissen glaubt.

[3] So soll der Bau einzelner Linien in Schottland und Westirland durch Beiträge und Darlehen gefördert worden sein (Pim, The Railways and the State, London, 1912, S. 119).

mingham, London—Southampton und London—Bristol konzessioniert und daraufhin auch gebaut.

Trotz sehr hohen Parlaments- und Gesetzesabgaben und ungeheuren Entschädigungsummen für Grundabtretungen begann im Jahr 1836 eine Spekulationsperiode. In diesem Jahr allein wurden 25 Projekte genehmigt, „strides, which in no country of the world have been made in so short a space of time“ [1]. Hierauf setzte eine Krisis ein, die zu Anfang der 40er Jahre zu einem neuen Eisenbahnfieber überleitete. Die Zahl der sanktionierten Projekte stieg bis 1846 auf 48 mit einer Linienlänge von zusammen 4790 Meilen[2]. So entstand in kurzer Zeit ein ganz bedeutendes Eisenbahnnetz, ein Netz mit einer Dichtigkeit, wie sie um jene Zeit — abgesehen von Belgien — in keinem andern Land der Welt vorzufinden war[3]. Industriereiche Gegenden waren damals schon knäuelartig mit Schienensträngen durchzogen. Der Struktur der Bahnverbindungen fehlte aber jegliche Systematik und Großzügigkeit. Gewisse Linien wurden eben zu rein spekulativen Zwecken gebaut, d. h. um an die Konkurrenten günstig verkauft werden zu können, oder mit der Absicht „to break down a canal or ‚navigation‘ monopoly“ [4].

Noch bevor eine zweite, vierjährige Spekulationsperiode begonnen hatte, machte die Staatsintervention einen großen Schritt nach vorwärts. Zum Ausdruck kam diese Bewegung durch das Gesetz von 1844[5]. Mit der Begründung, daß die Eisenbahnen ein für die Allgemeinheit notwendiges Verkehrsmittel seien, wurde die Dividende für zukünftig zu bauende Linien auf 10 % beschränkt. Noch radikaler für jene Zeit war eine in dieses Gesetz aufgenommene Rückkaufsklausel. Danach sollte es dem Staat möglich sein, Eisenbahnen nach Ablauf von 25 Jahren

---

[1] Francis, A History of the English Railways, London, 1851, 2. Bd. S. 30.

[2] Nach einer Statistik von Williams, The Economics of Railway Transport, London, 1909, S. 95.

[3] Zum Vergleich führen wir folgende Zahlen über die Netzdichte in einigen Ländern an:

	Länge der Eisenbahnlinien (in km) für 1000 qkm Fläche im Jahr 1845	
Belgien	19,86	
Großbritannien	14,58	(Jahr 1843)
Deutschland	4,40	
Frankreich	1,60	
Italien	0,55	

(Berechnet auf Grund der Statistik von Sax, l. c. 3. Bd., S. 446. Die Zahl von Großbritannien nach Cohn, l. c. 1. Bd., S. 124.)

[4] Clapham, An Economic History of Modern Britain, Cambridge, 1926, S. 396.

[5] An Act to attack certain Conditions to the Construction of Future Railways . . . 1844. 7 u. 8 Vict. Kap. 85.

anzukaufen. Daß weder die eine noch die andere Gesetzesbestimmung zu praktischer Bedeutung gelangte, überrascht nach dem bisher Ausgeführten kaum. Nur in einer Beziehung wurde eigentlich die Handlungsfreiheit der Bahnen eingeschränkt: von nun an mußte auf jeder Linie täglich mindestens ein Personenzug mit dritter Klasse, für die ein Maximaltarif von einem Penny für 1 Meile festgesetzt war, und mit Halten auf allen Stationen geführt werden (sog. „Parliamentary Trains").

III. Die Entwicklung der Personentarife, die Einführung der Parlamentszüge und des Zweiklassensystems.

Die ersten Eisenbahnbauer versprachen sich einen großen Gewinn aus der Beförderung von Gütern. George Stephenson hatte jedoch eine Ahnung von der zukünftigen Bedeutung des Personenverkehrs, sonst hätte er nicht den Wunsch geäußert, den Tag erleben zu dürfen, an welchem es für einen armen Mann billiger sein werde, mit der Bahn zu fahren, als zu Fuß zu gehen. Tatsächlich brachte auch der Personenverkehr den englischen Eisenbahnen durchschnittlich höhere Einnahmen als der Güterverkehr[1].

Die Tarife beider Verkehrszweige waren, wie schon angedeutet, durch die Private Acts maximal begrenzt. Für die Gütertransporte wurden ähnliche Klassifikationen aufgestellt, wie sie schon seit langem für den Kanalverkehr vorgeschrieben worden waren. Bis zum Jahr 1845 sollen die tatsächlich erhobenen Tarife gleich oder doch nahezu gleich hoch wie die Maxima gewesen sein, von dann an waren sie im Durchschnitt wesentlich niedriger, selbst mit Einbezug der „Terminals" [2].

---

[1] „The London and Birmingham had anticipated a revenue of about 670 000 £ derived almost equally from passengers and merchandise. In its first year, it took more than 500 000 £ from the passengers and a bare 90 000 £ from the goods. The Great Western and the South-Western drew more than four-fifths from passengers, and the Eastern Counties 90 per cent." Clapham, l. c. S. 400. Im Lauf der Zeit haben dann die Einnahmen aus dem Personenverkehr relativ abgenommen. Sie betrugen in Prozent der Gesamteinnahmen (alle Bahnen):

1842:	73 %	nach Williams, l. c., S. 95.
1848:	55 %	
1855:	50 %	nach Raper, Railway Transportation, S. 29 ff.
1870:	43 %	
1890:	43 %	

Seither keine wesentliche Änderungen dieses Verhältnisses.

[2] Als „Terminals" werden die für das Auf- und Abladen der Güter erhobenen Gebühren bezeichnet. Für das Nähere der damaligen Gütertarife sei verwiesen auf Cohn, Untersuchungen über die englische Eisenbahnpolitik, bes. 2. Bd. S. 498 ff., Acworth-Wittek, Grundzüge der Eisenbahnwirtschaftslehre, Wien, 1917, S. 99 ff. und Raper, l. c. 36 ff.

Infolge der Konkurrenz erfuhren die Tarife fortwährende Veränderungen, und Bevorzugungen einzelner Frachtkunden waren an der Tagesordnung. Das Clearinghouse[1] hat schon früh eine einheitliche Klassifikation aufgestellt, aber gesetzlich vorgeschrieben wurde eine solche erstmals durch die Railway Rates and Charges Confirmation Acts von 1891/92. Die Sätze dieses Schemas wiesen jedoch nach wie vor ganz beträchtliche regionale Unterschiede auf. Nach einer Schätzung von Acworth soll auch später noch nur etwa ein Viertel aller Güter zu „Normalsätzen" befördert worden sein[2].

Ähnlich wie mit den Güter-, verhielt es sich mit den Personentarifen. Auch hier haben wir die wirklichen Verkehrspreise von den gesetzlichen Maxima wohl auseinanderzuhalten, wie übrigens aus folgender Gegenüberstellung deutlich hervorgeht. Es betrugen bei der Liverpool & Manchester Railway am Anfang ihres Bestehens

	die Maxima[3] für 1 Meile d.	die wirklich erhobenen Tarifsätze ursprünglich[4] für 1 Meile d.	die wirklich erhobenen Tarifsätze im Jahr 1842[5] für 1 Meile d.
für Wagen mit Einrichtung der „diligencen"	3,5		
für bedeckte Wagen	3,0	1. Kl. 2,0	2,5
für offene Wagen	2,5	2. Kl. 1,36	1,74

Die Frequenz der Wagenklassen war natürlich auf den einzelnen Linien verschieden, denn die Fahrpreise waren ja absolut und relativ ungleich. Die durchschnittlichen Tarifsätze von 43 Hauptbahnen, die zusammen 20 Millionen Personen beförderten, betrugen im Jahr 1842[6]

1. Klasse	2,727 d	mit einer Frequenz von	18,4 %
2. Klasse	1,745 d	„ „ „ „	46,0 %
3. Klasse	1,151 d	„ „ „ „	35,6 %
			100,0 %

[1] Das Railway Clearinghouse, eine Zentralstelle zur Regelung des Verkehrs zwischen den zahlreichen Eisenbahngesellschaften, war schon im Jahr 1842 errichtet worden und besteht heute noch. Den „Legal Status" erhielt es im Jahr 1850 (13 u. 14 Vict. Kap. 33). Welche Bedeutung dem Clearinghouse auch heute noch beizumessen ist, geht daraus hervor, daß es über 2000 Personen beschäftigt (Sherrington, Economics of Rail Transport in Great Britain, Bd. 1 S. 233, Bd. 2 S. 72).

[2] Acworth-Wittek, l. c. S. 115.

[3] Cohn, l. c. 1. Bd. S. 45.

[4] Sherrington, l. c. 1. Bd. S. 14, berechnet auf Grund der Fahrtaxe für die Strecke Liverpool—Manchester.

[5] Auf Grund von Angaben in Bradshaw's Railway Companion, Manchester, 1842, S. 16.

[6] Cohn, l. c. 1. Bd. S. 125.

Woher kommt es denn eigentlich, daß die 3. Klasse eine verhältnismäßig schwache Frequenz aufwies? Eine Berücksichtigung der Leistungen, die für die drei Reisendenschichten zur Verfügung standen, vermittelt uns eine eindeutige Antwort auf diese Frage. Auf einzelnen Linien gab es überhaupt keine 3. Klasse, und wo eine solche geführt wurde, war sie nicht viel komfortabler eingerichtet als etwa offene Güterwagen[1]. Zu den schnellsten Zügen wurden oft nur 1. Klasse-Reisende zugelassen, daher auch die verhältnismäßig starke Frequenz dieser Reisendenschicht. Nie mehr hat man später — infolge der zunehmenden Leistungskonkurrenz — die Zahlungsfähigkeit und Zahlungswilligkeit der Reisenden dermaßen auszunutzen vermocht wie damals! Volkswirtschaftlich hatte das den Nachteil, daß eben der untersten Käuferschicht nicht genügend bequeme und vor allem nicht genügend zahlreiche Fahrgelegenheiten zur Verfügung standen. Deshalb ist es begreiflich, daß das Parlament diese Übelstände beseitigte und die oben erwähnten Parlamentszüge vorschrieb (Gesetz von 1844). Von nun an hatte jede Gesellschaft auf ihren Linien täglich in jeder Richtung mindestens einen Zug zu führen, zu welchem Passagiere zum Satz von 1 d für 1 Meile zugelassen werden mußten. Diese Parliamentary Trains hatten auf allen Stationen anzuhalten, und deren Geschwindigkeit durfte nicht geringer sein als 12 Meilen für 1 Stunde. Der Staat behielt sich zudem das Recht vor, die Fahrzeit dieser Züge vorzuschreiben.

Diese staatliche Zwangsmaßnahme gab gewissermaßen das Alarmzeichen für die Entwicklung des 3. Klasse-Verkehrs. Einer Gesellschaft nach der andern kam es jetzt zum Bewußtsein, wie entwicklungsfähig der Personenverkehr eigentlich noch war, und, angespornt durch die zunehmende Leistungskonkurrenz, haben die Bahnen von sich aus angefangen, um die Gunst der weniger zahlungsfähigen Bevölkerungschichten zu werben. Folgende Zahlen vermitteln ein deutliches Bild von der Zunahme der untersten Reisendenschicht und der damit zusammenhängenden Zunahme des Personenverkehrs (nur in England) überhaupt[2].

---

[1] Francis. l. c. (2. Bd. S. 98) berichtet, daß 3. Kl.-Passagiere gezwungen worden seien, 16 oder 17 Stunden stehend zu fahren beim Zurücklegen einer Strecke, die normalerweise in 7½ Stunden durchfahren wurde, und Frahm, Das englische Eisenbahnwesen, Berlin, 1911, (S. 281), schreibt darüber: „Einige Gesellschaften gingen früher in der schlechten Behandlung der Reisenden dritter Klasse so weit, daß sie bezahlte Leute in unsauberer Kleidung (Schornsteinfeger, Schlächtergesellen) oder Leute mit besonders abstoßenden Gewohnheiten in der 3. Klasse fahren ließen, um den Reisenden diese Klasse zu verleiden."

[2] Nach Cohn, l. c. 2. Bd. S. 138/139.

Jahr	Beförderte Personen (in Millionen)	Prozentuale Verteilung nach Wagenklassen 3. Klasse %	2. Klasse %	1. Klasse %
1842[1]	20	36	46	18
1850	58	49	39	12
1858	116	56	31	13
1866	238	58	31	11
1868	269	64	26	10
1870	289	68	23	9
1871	329	69	22	9
1872	373	74	17	9
[1928][2]	[2 862]	[87,4]	[1,5]	[11,1]

Natürlich hat man auch die Zunahme der Bevölkerung und die Erweiterung des Eisenbahnetzes bei der Beurteilung dieser Daten mitzuberücksichtigen. Aber es steht fest, daß ohne eine Vermehrung und Verbesserung der Dritter-Klasse-Fahrgelegenheiten der Verkehr nicht in dem Maß gestiegen wäre. Dafür ist der prozentuale Anteil der zwei oberen Wagenklassen stark gesunken; inwiefern eine Abwanderung von der 2. in die 3. Klasse stattgefunden hat, läßt sich für jene Zeit kaum feststellen. Die gewaltige Zunahme des Dritter-Klasse-Verkehrs ist zum Teil auch damit zu begründen, daß man damals schon angefangen hatte, Excursions (Ausflugszüge) zu veranstalten. „In den Jahren 1865 und 1866 äußern die meisten Eisenbahnmänner ihre Unzufriedenheit darüber, daß man hiermit zu weit gegangen sei. Durch überaus niedrige Sätze hat man zu längeren Fahrten, namentlich von London an die Seeküste, für Sonn- und Feiertage eine Masse ärmeren Reisepublikums angelockt, das man öfters in schlechtest möglicher und geradezu gefährlicher Weise, in ungeheuren Zügen, befördert hat. Auch habe man die Fahrsätze so weit herabgebracht, daß kaum ein Gewinn dabei übrig bleibe, zumal da zu einem gewissen Teil von diesen Extrazügen Geschäftsleute Gebrauch gemacht haben, um ihre regelmäßigen Geschäfte zu besorgen“ [3]. Es scheint also schon damals der Ausflugsverkehr ein charakteristisches business der englischen Bahnen gewesen zu sein, das — wie auch heute noch — durch sehr niedrige Ausnahmetarife ermöglicht worden war.

---

[1] Nur für 43 Hauptbahnen (Cohn, l. c. 1. Bd. S. 125).

[2] Archiv für Eisenbahnwesen 1930 S. 1071. Die entsprechenden Zahlen von 1928 beziehen sich auf den Eisenbahnverkehr von ganz Großbritannien, nicht nur auf denjenigen Englands. Für den Vergleich der prozentualen Verteilung der Wagenklassen hat dies keine Bedeutung. Dagegen hat man zu berücksichtigen, daß die zweite Wagenklasse heute in nur noch ganz wenigen Zügen mitgeführt wird.

[3] Cohn, l. c. 2. Bd. S. 143.

Sehr niedrige Personentarife gab es bisweilen auch für den Normalverkehr, und zwar als Begleiterscheinung von heftigen Konkurrenzkämpfen zwischen einzelnen Gesellschaften. Zwar haben schon früh Fusionen von verschiedenen Bahnen stattgefunden, jedoch nur, sofern sie vom konkurrenzfreundlichen Parlament gestattet worden sind. Immerhin soll die Zahl der Eisenbahngesellschaften von 1840 bis 1870 von 1100 auf 130 gesunken sein[1]. Fusionen von parallel[2] verlaufenden Linien (d. h. eigentlichen Konkurrenzlinien) konnten nur ausnahmsweise erwirkt werden. Dagegen war der Staat machtlos gegenüber stillschweigenden Vereinbarungen in bezug auf die Leistungen (Geschwindigkeit, Abfahrtzeit der Züge usw.) und auch in bezug auf die Tarife. Bevor es jeweilen zum Abschluß von Tarifkartellen u. dgl. kam, haben sich die Konkurrenten oft in ihren Preisen bis aufs äußerste unterboten. So sank z. B. der Preis für eine Hin- und Rückfahrt zwischen York und London im Jahr 1856 bis auf 2½ Shillinge (oder 0,08 d für 1 Meile) und zwischen Manchester und London (etwa gleiche Distanz) sogar auf 2 Shillinge. Als einzig dastehendes Beispiel für die Wirkungen der Konkurrenz hat aber der Fahrpreis für die Strecke zwischen Glasgow und Edinburgh zu gelten. Dieser sank nämlich „unter den Nullpunkt", indem man zeitweise für eine Fahrt auf dieser Strecke nicht nur nichts zu bezahlen hatte, sondern sogar ein Mittagessen gratis verabreicht erhielt[3].

Wie wir weiter oben gezeigt haben, hat die Frequenz der 1. und 2. Kl. bis zum Beginn der 70er Jahre fortwährend abgenommen (wenigstens im Verhältnis zur Gesamtreisendenzahl). Dies ist hauptsächlich dem Umstand zuzuschreiben, daß die 3. Kl. immer besser ausgestattet und allmählich auch in den Schnellzügen mitgeführt wurde. Bisweilen hat man der Abnahme der oberen Reisendenschichten durch Herabsetzung der 1. und 2. Kl.-Tarife entgegenzusteuern versucht, aber ohne bleibenden Erfolg.

Die strukturellen Veränderungen des Personenverkehrs haben im Jahr 1875 die Midland, eine der bedeutendsten Gesellschaften, veranlaßt, die 2. Kl. ganz abzuschaffen. De facto vollzog sich diese Umwandlung einfach derart, daß die neuen 1. Kl.-Sätze auf das Niveau der früheren

---

[1] Fitzgerald, Industrial Combination in England, London, 1927, S. 175.

[2] „Parliament has always favoured the fusion of lines, which make a continuous whole, and regarded parallel lines with some suspicion", Marshall, l. c. S. 454; vgl. auch S. 485.

[3] Alle drei hier erwähnten Beispiele wurden von Acworth an einem Vortrag über die „gegenwärtige Lage der englischen Eisenbahnen und ihre Beziehungen zum Staat" vor der „Société internationale pour l'avancement de l'instruction commerciale" angeführt, abgedruckt im 26. Bd. (S. 43) des Bulletin de l'assocation internat. des chemins de fer.

2. Kl.-Sätze herabgesetzt wurden, und die neue 3. Kl. die gleiche Ausstattung erhielt wie die bisherige 2. Kl. Von jetzt an betrug der 1. Kl.-Tarif nur noch 1,5 d und der 3. Kl.-Tarif 1 d (eventuell weniger) für 1 Meile. Der Übergang vom Drei- zum Zwei-Klassen-System führte bei der Midland zu folgenden Veränderungen:

Einnahmen aus dem Personenverkehr (in 1000 £)[1]:

	1. Kl.	2. Kl.	3. Kl.
1871	208	366	627
1880	321	—	1337

Zahl der beförderten Reisenden (in Millionen)[2]:

	1. Kl.	2. Kl.	3. Kl.
1871	1	4	14
1880	2	—	26

Das Vorgehen der Midland soll ihren Konkurrenten, der London & Northwestern und der Great Northern, die ebenfalls die Industriegebiete Mittelenglands mit London verbinden, so viel Schaden zugefügt haben, daß sie noch zu Anfang dieses Jahrhunderts darunter zu leiden gehabt haben. Abgesehen von den schottischen und drei englischen, haben in der Folge alle Eisenbahngesellschaften Großbritanniens die 2. Wagenklasse abgeschafft und die 3. Kl. als Posterklasse ausgebaut.

Die Vorteile des Zweiklassensystems bestehen in einer besseren Ausnutzung der Sitzplätze und in einer Verringerung der Betriebsausgaben. Immerhin sind die Unterhaltskosten einer luxuriös ausgestatteten 3. Kl. auch verhältnismäßig hoch.

IV. Allgemeines über die Entwicklung der englischen Eisenbahnen und die Eisenbahnpolitik Großbritanniens gegen Ende des 19. und zu Beginn des 20. Jahrhunderts.

Nachdem wir nun einige Charakteristika der historischen Personentarife hervorgehoben haben, ist es angebracht, die angefangene — und durch das vorige Kapitel unterbrochene — Darstellung der allgemeinen Entwicklung des englischen Eisenbahnwesens fortzusetzen und zu Ende zu führen.

Die rapideste Zunahme des englischen Eisenbahnnetzes fällt in die Mitte des vorigen Jahrhunderts. Aber auch später war sie noch ganz bedeutend, allerdings verhältnismäßig geringer als in anderen Ländern. Die gesamte Linienlänge hat sich in der Zeit von 1855 bis 1875

[1] Cohn, Die englische Eisenbahnpolitik der letzten Jahre, Leipzig, 1883, S. 105.

[2] Cohn, l. c. S. 104.

noch verdoppelt[1] (in Frankreich allerdings vervier-, in Deutschland versieben- und in Österreich verachtfacht). Während dieser Zeit und auch späterhin hat der Staat seine Stellung den Bahnen gegenüber kaum geändert. Zwar wurden fortwährend Ausschüsse bestellt, Berichte erstattet und dementsprechende Gesetze erlassen, aber man hat damit keinen entscheidenden Einfluß auf die Entwicklung des Eisenbahnwesens auszuüben vermocht[2]. Die Konkurrenz zwischen den einzelnen Gesellschaften hat natürlich langsam an Heftigkeit eingebüßt. Die Ansichten über das Ausmaß der Konkurrenz seit den Anfängen des englischen Eisenbahnwesens gehen zwar weit auseinander. Während die einen behaupten, die Konkurrenz sei schon um die Mitte des 19. Jahrhunderts gänzlich verschwunden, versuchen andere zu beweisen, daß sie auch später noch ganz bedeutend gewesen sei. Diese Kontroverse hat — wie so manch andere — ihren Grund in der Verschiedenheit der Definitionen, die man dem Begriff Konkurrenz — stillschweigend — gibt. Es steht fest, daß die Konkurrenz im Lauf der Zeit durch zahlreiche Fusionen und noch mehr durch bloße Kartellverträge an Bedeutung abgenommen hat. Bis zum Jahr 1871 hat die Great Northern 16, die Great Eastern 26, die London & South Western 22 und die Midland 17 Gesellschaften aufgesogen. Von der gesamten Linienlänge befanden sich damals fünf Sechstel im Besitz von 16 und mehr als die Hälfte im Besitz von 7 Gesellschaften[3]. Von einem gänzlichen Wegfall der Konkurrenz als Folge dieser Konzentrationsbewegung kann jedoch nicht die Rede sein. Was speziell die Leistungskonkurrenz (competition of facilities) anbetrifft, so hat diese eher zu- als abgenommen. Dafür liefern uns die Wettfahrten des Jahrs 1888 einen deutlichen Beweis. Während mehrerer Monate haben

---

[1] Einem zahlenmäßigen Vergleich der Entwicklung der Eisenbahnen in den wichtigsten europäischen Ländern diene nachstehende Zusammenstellung (nach Sax, l. c. 3. Bd. S. 446):

Kilometerlänge der im Betrieb stehenden Eisenbahnen:

	1835	1845	1855	1865	1875
Großbritannien und Irland	471	3 277	13 411	21 382	26 803
Frankreich	176	883	5 535	13 562	21 547
Deutschland	6	2 315	8 352	14 762	28 087
Österreich	—	728	2 145	5 858	16 860
Schweiz	—	2	210	1 322	1 986
Europa	673	8 235	34 185	75 882	142 494

[2] Eine Ausnahme stellt natürlich die im Gesetz von 1844 enthaltene Bestimmung über die Führung von Parliamentary Trains dar.

[3] Cohn, 1. Bd. S. 323.

sich diese zwischen zwei nach Schottland hinauffahrenden Gesellschaften abgespielt, wobei die Fahrzeit von London nach Edinburgh von 10 auf 7½ Stunden herabgedrückt worden ist[1].

Wie schon erwähnt, hat die Staatsintervention in der Zeit nach den Anfängen des englischen Eisenbahnwesens keine Intensivierung erfahren. Die einzelnen Gesetze bezogen sich nur auf Nebensächlichkeiten, wie Sicherheitsmaßnahmen (Gesetz von 1871)[2], Rechnungsführung (Gesetz von 1868)[3], Abkommen mit der Postverwaltung (Gesetz von 1882)[4] usw. Im Jahr 1883 wurde der Cheap Trains Act[5] angenommen, wodurch die seit 1842 bestehende Passagiersteuer auf Fahrkarten, deren Preis weniger als 1 d für 1 Meile betrug, abgeschafft worden ist. Dafür wurden die Bahnen verpflichtet, Arbeiterfahrkarten einzuführen.

Weit bedeutender als diese Gesetze ist der Railway & Canal Traffic Act, 1888[6], in welchem festgelegt wurde[7], daß:

1. eine Kodifikation der verschiedenen, in vielen Einzelgesetzen (Private Acts) zerstreuten Konzessionsbestimmungen durchgeführt, und
2. eine Abänderung der Güterklassifikation im Zusammenhang mit
3. einer Festlegung neuer Maximalfrachtsätze vorgenommen werden

müsse.

Dieses Gesetz führte zum Abschluß einer Zeitperiode, während welcher die Eisenbahnen — nach Raper — in der Tarifierung und Klassifikation ihre „own masters“ gewesen sind. Nach heftigen Diskussionen kam es schließlich zur Annahme der Rates & Charges Confirmation Acts von 1891 und 1892. Damit wurden eine für ganz Großbritannien geltende detailliertere Güterklassifikation und neue Maximalsätze für den

---

[1] Tomlison, The North Eastern Railway, its Rise and Development, Newcastle und London, 1915 (?), S. 735. Diese Railway Races sollen sich später, nachdem die Forth Bridge gebaut worden, im Verkehr nach Aberdeen wiederholt haben. Wie sehr man damals die Geschwindigkeit gesteigert hatte, ergibt sich aus einem Vergleich der damaligen mit der gegenwärtigen Fahrzeit der Strecke London—Edinburgh. Gegenwärtig beträgt sie nicht etwa weniger als 7½ Stunden, wie man vermuten würde, sondern mehr, nämlich im besten Fall 8¼, durchschnittlich nahezu 9 Stunden. Wo bleibt da der technische Fortschritt? Tatsache ist, daß nach jenen Konkurrenzkämpfen ein Abkommen getroffen wurde, die Geschwindigkeit der Expreßzüge nach Schottland nicht weiter zu steigern, und dieses soll heute noch in Kraft sein.

[2] 34 u. 35 Vict. Kap. 78.

[3] 31 u. 32 Vict. Kap. 119.

[4] 45 u. 46 Vict. Kap. 74.

[5] 46 u. 47 Vict. Kap. 34.

[6] 51 u. 52 Vict. Kap. 34.

[7] Raper, l. c. S. 38.

Güterverkehr in Kraft gesetzt. Zugleich ist das Problem der Auf- und Abladegebühren endgültig gelöst worden, indem die Bahnen unter Berücksichtigung besonderer Maxima zur Erhebung solcher Gebühren ausdrücklich berechtigt worden sind. Auf Antrag der Handelskreise wurde schon 1894 wieder ein Gesetz[1] erlassen, das sich mit der Tarifierung befaßte und das die Wiedererhöhung einmal gewährter Vergünstigungen verunmöglichen sollte[2].

Von allzu großem Einfluß auf die Tarifpolitik der englischen Eisenbahnen war diese Period of rigid Government Regulation freilich nicht. Die dadurch herbeigeführten Änderungen waren mehr nur prinzipieller als praktischer Art.

Im Grunde genommen war die Eisenbahnpolitik des englischen Staats in ein Dilemma geraten. Auf der einen Seite huldigte man immer noch dem Liberalismus, auf der anderen erkannte man, daß die Konkurrenz zwischen den Gesellschaften durch Abschlüsse von Kartellverträgen und Working Agreements allmählich behoben wurde[3]. Und während man darüber stritt, ob man nach rechts oder links sich wenden wolle, gewann der Staatsbahngedanke immer mehr Anhänger.

Die finanzielle Lage der Eisenbahngesellschaften war in den Jahren vor dem Krieg nicht gerade glänzend. Zum Teil sind die Lohnerhöhungen der Bahnangestellten als Ursache dafür anzusehen. Deshalb wurde den Bahnen durch die Railway and Canal Traffic Act, 1913[4] gestattet, die Tarife in den Fällen zu erhöhen, wo nachgewiesen werden konnte, daß die vermehrten Betriebsausgaben auf Lohnerhöhungen zurückzuführen seien. Von gewisser Seite wurden auch die Betriebsmethoden der englischen Bahnen als veraltet und deshalb zu kostspielig hingestellt. Als Hauptursache der geringen Rendite ist jedoch die althergebrachte Überkapitalisation anzusehen. Es kommt hinzu, daß sich die meisten Bahngesellschaften in Nebengeschäfte einließen. Hotels, Dockanlagen und

---

[1] 57 u. 58 Vict. Kap. 54.

[2] Ausführlich berichtet hierüber Davies, The Rights and Duties of Transport Undertakings, London, 1926, S. 61 ff.

[3] Fusionen zwischen Konkurrenzgesellschaften konnten meistens nicht durchgeführt werden, weil das Parlament seine Einwilligung dazu verweigerte. Am bekanntesten ist das Fusionsbegehren der Great Central und der Great Northern. Dieses wurde abgelehnt, weil es angeblich „ultra vires according to the Act of 1858“ sei. (10. März 1908.) Bemerkenswert ist nur, daß die gleichen zwei Gesellschaften 13 Jahre später auf Grund des Gesetzes von 1921 zu fusionieren gezwungen wurden (wenigstens formell). Sherrington, 1. Bd., S. 243.

[4] 2 & 3 Geo. V. Kap. 29.

Schiffahrtlinien wurden dem eigentlichen Eisenbahnbetrieb angegliedert, was im allgemeinen zu vermehrten Ausgaben führte, ohne auch entsprechende Mehreinnahmen einzubringen.

V. Die Zeit vom Ausbruch des Kriegs bis zur Neuorganisation von 1921.

Wir wollen uns hier nur auf das Wichtigste der Kriegszeit beschränken, um dann bei der Behandlung der Nachkriegsprobleme etwas weiter auszuholen[1]. Was speziell die Personentarife anbetrifft, so wird zum Teil bei der Darstellung der einzelnen Tarifarten auf die Kriegszeit zurückgegriffen werden.

Als der Weltkrieg ausbrach, wurden die englischen Eisenbahngesellschaften der Oberaufsicht des Handelsamts unterstellt. Gesetzliche Grundlage dieser Maßnahme war die Regulation of the Forces Act[2] vom Jahr 1871, ihr Zweck war, die Eisenbahnen für das Interesse der Landesverteidigung brauchbar zu machen. An die Stelle der bisherigen privatwirtschaftlichen Verwaltungen wurde eine über alle Gesellschaften amtende staatliche Verwaltung in der Form eines Ausschusses von Generaldirektoren (Railway Executive Committee) eingesetzt.

Die Eisenbahnen wurden verpflichtet, alle Transporte für Heer und Flotte ohne Entschädigung durchzuführen. Dafür hat der Staat den einzelnen Gesellschaften deren Nettoeinnahmen des Jahrs 1913 garantiert — und zwar nicht nur für die Dauer des Kriegs, sondern auch für die ersten zwei Nachkriegsjahre. Dem Staat sind durch diese Verpflichtung bis 1919 keine besonderen Ausgaben erwachsen. Der Eisenbahnverkehr hat nämlich während des Kriegs eine gewaltige Zunahme erfahren, so daß die Dividenden des günstigen Jahrs 1913 ohne Zuschüsse aus der Staatskasse ausbezahlt werden konnten. Dies wäre allerdings nicht möglich gewesen, wenn man nicht die sonst üblichen Unterhaltsarbeiten unterlassen hätte.

Durch die Beanspruchung der Bahnen für die Zwecke der Landesverteidigung war es nötig geworden, den Zivilverkehr einzuschränken. Im Lauf des Kriegs wurden mehr als 400 Bahnhöfe geschlossen, eine Anzahl von Zügen wurde ausgeschaltet und die Geschwindigkeit der verbleibenden Schnellzüge herabgesetzt. Der Ausflugsverkehr wurde ganz

---

[1] Nähere Angaben über die englischen Eisenbahnen während des Kriegs finden sich bei Theler, l. c. S. 15, Boehler, Archiv f. Eisenbahnwesen, Jahr 1923, S. 557, und bei Pratt, E.: British Railways and the great War, London, 1921.

[2] 34 & 35 Vict. Kap. 86.

wesentlich eingeschränkt. Zudem hat man den Betrieb einer Rationalisierung unterzogen. Dies war keine besonders schwierige Sache, denn ein Teil der Vorkriegsleistungen war doch nur auf die verschiedenen Varietäten von Konkurrenz zurückzuführen. Dadurch, daß 130 Gesellschaften einer einheitlichen Verwaltung unterstellt worden sind, ist die Konkurrenz automatisch ausgeschaltet worden. Manchen Liberalen ist dadurch veranschaulicht worden, was für ein Luxus das englische System der freien Konkurrenz, die im Grunde genommen den Bahngesellschaften aufgezwungen worden ist, war. Diese Einsicht ist deshalb erwähnenswert, weil sie die Eisenbahngesetzgebung der Nachkriegszeit wesentlich beeinflußt hat.

Die Eisenbahntarife haben während des Kriegs relativ geringe Änderungen erfahren. Die Gütertarife wurden erst Anfangs 1920 erhöht, und zwar nach Spering um 25—60 %[1]. Dagegen sah man sich schon am 1. Januar 1917 genötigt, die Personenfahrpreise um 50 % zu erhöhen, um der Zunahme des Personenverkehrs Einhalt zu gebieten. Keine Veränderungen erfuhren damals die Arbeiter- und Dauerkartentarife (vgl. 3. Kap. II u. III). Deshalb — aber auch aus andern Gründen — hat die Nachfrage nach Personenzugleistungen nur vorübergehend abgenommen. Die quantitative Bedeutung des Normaltarifs ging allerdings um etwa 30 % zurück, dafür wurden jedoch mehr Dauerkarten gekauft. Wenn die Tarife damals durchschnittlich nicht mehr erhöht worden sind, so ist dies vor allem auf die Innenpolitik zurückzuführen. Zweifelsohne hätten manche (bes. Güter-) Transporte eine höhere Tarifbelastung ertragen können.

Als der Krieg zu Ende war, stand man vor einer wichtigen Entscheidung: War es ratsam, den Eisenbahnbetrieb wieder den 130 Gesellschaften zu überlassen? oder sollte man mit der unrationellen Konkurrenzwirtschaft endgültig aufräumen, die durch die Kriegsverwaltung

---

[1] Archiv für Eisenbahnwesen 1928, S. 365. Am 1. September 1920 wurden diese nochmals erhöht, so daß nach diesem Zeitpunkt die Sätze des Gütertarifs ungefähr das Doppelte der Friedenssätze ausmachten. (Nach Monkswell, The Railways of Great Britain, pag. 56, betrug die Gesamterhöhung von 1920 durchschnittlich 112 %.) Der Lebenskostenindex hatte sich bis 1920 folgendermaßen entwickelt:

Juli 1914:	100	1918:	203
1915:	123	1919:	215
1916:	146	1920:	249
1917:	176		

(18 th Abstract of Labour Statistics & the Ministry of Labour Gazette). Wie in den meisten Ländern, so hinkten also auch in Großbritannien damals die Tariferhöhungen den Steigerungen der Lebenskosten nach.

vorgezeichnete Entwicklung zu Ende führen und zur Verstaatlichung greifen? Man entschloß sich weder für das eine noch für das andere Extrem, sondern wählte einen Mittelweg. Bevor man sich für eine endgültige Lösung des Eisenbahnproblems entscheiden wollte, schuf man durch Gesetz[1] im Jahr 1919 ein eigenes Verkehrsministerium. Diesem ist die Eisenbahnabteilung des Handelsamts übertragen worden, wodurch ihm die dauernde Befugnis übergeben worden ist, über alle Verkehrsmittel die Staatsaufsicht auszuüben. Materiell bedeutender waren die vorübergehenden Befugnisse des Ministry of Transport. Dazu gehörte vor allem die Übernahme der Staatsverwaltung der Eisenbahnen für die Dauer der nächsten zwei Jahre, während welcher Zeit ein Projekt über die zukünftige Regelung des englischen Eisenbahnwesens geschaffen werden sollte, und die Regelung der Entschädigungsfrage. Was diesen letzten Punkt anbetrifft, verweisen wir auf die Abhandlung von Theler[2].

VI. Die Bedeutung des Eisenbahngesetzes von 1921.

Es ist nicht gerade einfach, ein Gesetz[3], dessen Text 89 Seiten umfaßt, kurz zusammenzufassen. Für uns kann es sich nur darum handeln, die Essentialia herauszugreifen. Die Ansichten über die allgemeine Bedeutung dieses Eisenbahngesetzes sind geteilt. Nach der einen Meinung stellt es eine radikale Umwälzung gegenüber früheren Gesetzen dar, nach der andern handelt es sich nur um eine geringe Verstärkung der Staatsaufsicht über die Wirtschaftsführung der Eisenbahnen und also nur um eine Fortsetzung und Bestätigung alter Tendenzen[4]. Tatsächlich verhält

---

[1] Ministry of Transport Act, 1919 (Geo. 5, cap. 50).

[2] Die Liquidation des Kriegsdefizits der Schweizerischen Bundesbahnen, Zürcher Volkswirtschaftliche Forschungen, herausg. von Saitzew, Bd. 15. Zürich, 1929, S. 28—34.

[3] An Act to provide for the reorganisation and further regulation of Railways and the discharge of liabilities arising in connection with the possession of Railways, and otherwise to amend the Law relating to Railways and to extend the duration of the Rates Advisory Committee, August 19th, 1921, 11 & 12 George V., cap. 55.

[4] Griffiths, The Railway Act, 1921, im Vorwort: „The passing into Law of the Railway Act, 1921, is gradually creating a revolution in the railway industry, which will not reach its climax until the „appointed day", when the curtain will finally fall upon the old order of things and the new will take its place. — Sherrington, l. c. 1. Bd., S. 232: „In Great Britain the Railway Act of 1921 fearlessly carried our railways several steps nearer rail monopoly conditions"; l. c. 1. Bd., S. 265: „The Railway Act of 1921 is the most recent piece of railway regulation, and as many of its provisions, especially relating to charges and revenue, have only just been put into force, it is too

es sich so, daß in bezug auf die materielle Bedeutung des Gesetzes von 1921 dieser zweiten Ansicht beizustimmen ist, während eben in formeller und organisatorischer Hinsicht doch eine bedeutende Umwandlung festgestellt werden kann.

1. Die Reorganisation des Eisenbahnsystems.

Auf Grund der Erfahrungen, die man während des Kriegs gesammelt hat, wurde beschlossen, die vielen kleineren und größeren Gesellschaften zu einigen Gruppen zusammenzuschließen. Es war dies die Alternative zur Verstaatlichung, die von den Sozialisten gefordert worden war, die aber nicht genügend Anhänger fand, um im Parlament durchzudringen. Im ersten Teil des Gesetzes wurde festgelegt, daß sich die bestehenden Gesellschaften über die durchzuführenden Fusionen einigen sollten, um dem Verkehrsminister bis zum 1. Januar 1923 dementsprechende Vorschläge einzureichen. Konnten sich die Gesellschaften nicht einigen, was tatsächlich nicht der Fall war, so hatten die Zusammenschlüsse zwangsweise durch ein besonderes Fusionsgericht zu erfolgen.

Wie vorausgesehen worden war, wurden die Verschmelzungen auf Beginn des Jahrs 1923 durchgeführt. Abgesehen von Stadt-, Vorort- und Nebenbahnen, gibt es in Großbritannien seit jenem Zeitpunkt nur noch vier Eisenbahngesellschaften, nämlich die

		Abkürzung	Netzlänge[1]
1.	Southern Railway Company	Southern	2229 Meilen
2.	Great Western Railway Company	G. W. R.	3818 „
3.	London, Midland & Scottish Railway Company	L. M. S. R.	7216 „
4.	London & North Eastern Railway Company .	L. N. E. R.	6722 „ .

Nach Sherrington[2] scheint es, daß man sich bei der Ausarbeitung der Fusionspläne hauptsächlich von folgenden Gesichtspunkten leiten ließ. Einmal war es wünschenswert, die Gesellschaften zusammenzuschließen, die früher schon Betriebsgemeinschaften und dergl. mit einander abgeschlossen hatten. Ferner war man bestrebt, die unrentableren

early to judge of its results." — Davies, British Railways, 1825—1924 (Why Nationalisation is inevitable), London, 1924: „. . . for while the grouping system is an improvement upon that which preceded it, in the sense that it is better to have four companies than 120, the creation of four trusts, still privatly owned, has done nothing to remove the conflict between private interest and the public good." — Vgl. auch die Ansicht von Stephenson, zitiert in letzter Anmerkung des nächsten Absatzes.

[1] Length of Road open for Traffic, exclus. Sidings (nach: Railway Returns, year 1927, C. No. I (A)).

[2] L. c. Bd. 1, S. 251.

Gesellschaften möglichst gleichmäßig unter die vier neuen Gesellschaften zu verteilen. Im weiteren entsprach es dem Zweck der Umwälzung, die durch das Gesetz von 1921 vorgezeichnet war, die Hauptlinien derart zu verteilen, daß möglichst wenig Veranlassung zu Konkurrenz unter den neuen Gesellschaften gegeben wäre. Auf diesen letzten Punkt hat man jedoch nur in beschränktem Maß Rücksicht genommen, und die Fusionen wurden auch dementsprechend kritisiert. (Ob man sich dieser Kritik anschließen will oder nicht, hängt im wesentlichen davon ab, ob man jedes Maß von Konkurrenz als unrationell verurteilt, oder eine Dosis von Wettbewerb, weil vor bureaukratischer Erstarrung schützend, geradezu für wünschenswert hält.) Infolgedessen ist die Konkurrenz zwischen einigen Verbindungen auch heute noch vorhanden[1]. Dies wäre weniger der Fall, wenn man nicht auf die früheren Besitzverhältnisse Rücksicht genommen hätte. Die Linien der einzelnen Netze greifen nämlich vielfach ineinander über. Die geographische Abgrenzung zwischen den Gesellschaften ist nicht gleich wie z. B. in Frankreich, wo die einzelnen „réseaux" ein scharf umgrenztes Gebiet beherrschen[2].

2. Die Bedeutung des Gesetzes für die Tarifpolitik und den Finanzhaushalt der englischen Bahnen.

Erstmals seit Bestehen der englischen Eisenbahnen werden nun die Tarife in ihrer tatsächlichen Höhe festgesetzt und nicht mehr nur maximal begrenzt. Zu diesem Zweck wurde ein Tarifamt (Railway Rates Tribunal) geschaffen, das dauernd über alle Arten von Tarifstreitigkeiten zu richten hat. Dessen erste Aufgabe bestand jedoch in

---

[1] So sei der „Service" zwischen London und Birmingham „very strongly competitive". Ähnlich verhalte es sich mit den Verbindungen zwischen London und Exeter, London und Nottingham usw. Die „Services" zwischen London und den schottischen Hauptstädten seien „distinctly competitive". (Sherrington, 1. Bd., S. 252.)

[2] Es würde uns zu weit führen, auf das „für" und „dagegen" der durchgeführten Fusionen weiter einzugehen. Es sei hier nur noch die Kritik eines unabhängigen Eisenbahnschriftstellers Tetly Stephenson angeführt: „The grouping of the Railways under the Railway Act of 1921 was based entirely on the previous companies, no attempt being made to plan a new system following as far as possible the lines which would have been followed if a national scheme had been prepared with little regard to previous ownership. — The consequence is, whilst competition has desappeared at many places which will help the railways to effect economies, it still exists at most of the greatest industrial centres . . . Moreover the competition at the places where it remains is keener than it has been at any time during the past 30 years. So long as this continues, it will involve the railways in most wastefull expenditures." T. Stephenson: „Communications" ex „The Resource of the Empire", London, 1924, S. 76.

der Ausarbeitung einer neuen Güterklassifikation und der Festsetzung von einheitlich für ganz Großbritannien geltenden Personen- und Gütertarifen, der sog. Standard Charges. Nach welchen Gesichtspunkten waren diese Standardtarife festzulegen? Etwa nach den Kosten? Nein! Oder nach der „Tragfähigkeit“ der Güter und der Wertschätzung der Reisenden nach dem alten englischen Leitsatz: „what the traffic can bear?“ Auch das nicht! Maßgebend für die Tarifsätze sollte von nun an das den Eisenbahngesellschaften zugestandene Recht auf eine angemessene Verzinsung des in ihnen investierten Kapitals sein. Als „angemessen“ gelten die durchschnittlichen Reinerträge des Jahrs 1913, erhöht um den Betrag von 5 % des seither neu investierten Kapitals[1]. Die den einzelnen Gesellschaften zuerkannte Rente wird „Standard Revenue“ bezeichnet. Die Standard Charges waren also vom Tarifamt derart festzusetzen, daß es den Bahnen bei einem „leistungsfähigen und rationellen Betrieb“ möglich sein sollte, die Standard Revenue zu „ernten“. Es dauerte ziemlich lange, bis man die hierzu nötigen Berechnungen beendigt hatte, und der Beginn des ersten Standardjahrs konnte nicht früher als auf den 1. Januar 1928 festgesetzt werden. Wie hat sich die neue Tarifierungsmethode bewährt? Wir halten es nicht für nötig, auf diese Frage einzugehen. Es leuchtet ohne weiteres ein, daß es ein Ding der Unmöglichkeit ist, auch nur annähernd genau feststellen zu wollen, wie hoch die Tarife sein müssen, damit ein bestimmter Ertrag erzielt werden kann. Es ist geradezu auffallend, wie wenig das neue Tarifierungsystem in der Fachliteratur kritisiert worden ist. Eine Ausnahme hiervon macht Acworth[2], der folgender Ansicht ist: „There is, however, one question, wholly novel but of the first importance, which the tribunal[3] will appearently be compelled to face. Rates and fares as a

---

[1] Nach Wernekke (Die Eisenbahnen von Großbritannien, Jahrbuch für Eisenbahnwesen, 1925/26, S. 51) wird der Betrag von 5 % „überhaupt als Regelsatz des in den Eisenbahnen investierten Kapitals angesehen“. Im Gesetz von 1921 ist hiervon expressis verbis nicht die Rede, indem nicht auf die relative, sondern absolute Höhe des „net revenue“ von 1913 abgestellt wird. Auch in den englischen Kommentaren ist uns eine Bestätigung der obigen Behauptung nicht begegnet. Nach Sherrington, Bd. 2, S. 33, betrug die durchschnittliche Rendite („average rates of interest or dividend paid per cent. of receipts from capital issued“) bei den einzelnen Bahngruppen, aus denen die jetzigen 4 Gesellschaften gebildet worden sind, 1913:

SOUTHERN	4,07 %	LMSR	4,45 %
GWR	4,43 %	LNER	4,09 %.

Der Gesamtdurchschnitt betrug demnach zirka 4¼ % und nicht 5 %.

[2] Elements of Railway Economics, S. 214.

[3] Gemeint ist das Railway Rates Tribunal.

whole, says the Act of 1921, are to be such as to provide to each company a certain net revenue. But how much of the total ought passengers and freight to contribute respectively?“

Schon für das erste Standard Year, das auf das Kalenderjahr 1928 festgesetzt worden ist, ergeben sich ganz beträchtliche Differenzen zwischen den gewünschten und den tatsächlich erzielten Nettoerträgen der einzelnen Gesellschaften, wie folgende Zusammenstellung zeigt[1]:

	L. M. S. R.	L. N. E. R.	G. W. R.	SOUTHERN
Standard-Nettoeinnahme (i. 1000 £)	20 237	14 788	8 312	6 631
Tatsächliche Nettoeinnahme 1928:				
a) absolut (1000 £)	16 271	11 278	7 057	6 394
b) in % der Standard-Nettoeinnahme	80,0 %	76,3 %	84,9 %	96,4 %
Standard-Rendite auf gewöhnliche Aktien	7,87 %	5,00 %* 4,12 %**	7,96 %	5,00 %* 2,85 %**
Tatsächliche Rendite, gewöhnliche Aktien, 1928	3,60 %	0,21 %* 0,00 %**	5,1 %	5,0 %* 2,1 %**

* Preferred Ordinary Stock (Prioritätsaktien).
** Deferred Ordinary Stock (Stammaktien).

Auf Grund der Section 58 des Gesetzes von 1921 wäre es im Jahr 1929 die Aufgabe des Tarifamts gewesen, die Tarife derart zu erhöhen, daß im nächsten Jahr die Standard-Rendite erreicht werden „kann“ (wozu es, nach der Ansicht des Economist, verpflichtet und nicht nur befugt sei). Tatsächlich wurden jedoch — im Einverständnis mit den Eisenbahngesellschaften — keine Tarifänderungen vorgenommen. Es wäre dies auch bei dieser heftigen Autokonkurrenz, mit der die Bahnen gegenwärtig zu kämpfen haben, kaum ratsam. Auch die allgemeine Wirtschaftslage Großbritanniens spricht dagegen[2].

Für den Fall, daß die Reineinnahmen die Standarderträge übersteigen, so sollen ebenfalls die Tarife dementsprechend abgeändert, d. h. herabgesetzt werden, und zwar in dem Maß, daß 80 % des Überschusses verschwinden, während die restlichen 20 % den Bahnen als Ansporn zu wirtschaftlicher Betriebsführung verbleiben (Section 59). Diese Bestimmung ist akzeptabler als die vorherige, denn es ist im allgemeinen

[1] Nach dem Economist, 13. April 1929, S. 808.

[2] Auch im Jahr 1929 ist die tatsächliche Nettoeinnahme bei allen 4 Gesellschaften niedriger ausgefallen als die Standard-Nettoeinnahme, und wiederum sind die Tarife durch das Tarifgericht nicht erhöht worden. (Modern Transport, 28. Juni, 1930, S. 13; The Times, 22. Mai, 1930, S. 11.)

eher möglich, die Rendite durch Ermäßigung der Tarife zu verringern, als umgekehrt vorzugehen. Nur dürfte es kaum möglich sein, genau vier Fünftel des Mehrerträgnisses auszumerzen und ein Fünftel davon den Gesellschaften zu reservieren. Tarifarische Mikrometerschrauben gibt es vorläufig noch nicht.

Wir haben noch nachzuholen, worin sich die am 1. Januar 1928 eingeführten Standard Charges von den vorher geltenden Tarifen unterscheiden. Hat man damals die Tarife erhöht oder ermäßigt? Weder das eine noch das andere! Im großen ganzen hat man die Tarife auf ihrer damaligen Höhe belassen. Die Gütertarife, die seit dem August 1923 etwa 50 % und seit dem 1. Februar 1927 etwa 60 % über den Vorkriegstarifen standen, erfuhren natürlich durch die Einführung einer neuen Klassifikation einige Abänderungen. Auch die Personentarife sind teilweise einer Revision unterzogen worden[1].

Die Standardtarife sind nicht identisch mit den Normaltarifen, denn es gibt — wenigstens für den Personenverkehr — auch Ausnahmetarife, die Standard Charges sind (z. B. Dauerkarten- und Arbeitertarife). Die englischen Bahnen haben von jeher den größten Teil ihres Güterverkehrs zu Ausnahmetarifen befördert (vor der Einführung der Standardtarife etwa 70 % des Gesamtgüterverkehrs). Diesem Übelstand hoffte man durch eine verbesserte Klassifikation abzuhelfen. Zudem setzte das Gesetz von 1921 fest, daß es in Zukunft für Ausnahmetarife, die eine Ermäßigung der Standardtarife von mehr als 40 % darstellen, einer besonderen Bewilligung des Tarifamts bedürfe. Eine Reihe weiterer Bestimmungen zielt ebenfalls darauf hin, die Ausnahmetarife (bes des Güterverkehrs) auf ein Minimum zu beschränken. Wenn auch die Zeit seit der Einführung der Standardtarife zu kurz ist, um ein endgültiges Urteil über deren praktische Tragweite zuzulassen, so hat es doch den Anschein, daß die zukünftige Tarifpolitik der englischen Bahnen von der vergangenen nicht sehr verschieden sein wird. Natürlich haben die durchgeführten Fusionen auch auf die Tarife eingewirkt, und zwar im Sinn der Vereinheitlichung. Aber nach wie vor spielen die Ausnahmetarife — nicht

[1] Der Index der Personen- und Gütertarife stand von 1923 bis Anfang 1927 auf zirka 150 (Vorkriegstarifsätze = 100), während der Lebenskostenindex sich in der betreffenden Zeit um 175 bewegte (Juli 1914 = 100; 18th Abstract of Labour Statistics & the Ministry of Labour Gazette). Seither ist der Lebenskostenindex auf unter 170 gesunken und ist somit heute nur noch wenig höher als der Index der Güterfahrpreise, da diese am 1. Februar 1927 um zirka 7 % erhöht worden sind. Die Personenfahrpreise sind heute derart stark differenziert, daß ein Vergleich mit dem Lebenskostenindex nicht mehr möglich ist. Faktisch stehen sie heute im Durchschnitt — wegen der zahlreichen Ausnahmetarife — weit unter den Lebenskosten.

zuletzt wegen der Autokonkurrenz — eine äußerst wichtige Rolle. Damit aber ist auch bewiesen, daß in tarifarischer Hinsicht der Railway Act of 1921 materiell keine bemerkenswerten Veränderungen zur Folge hatte[1]. Was speziell die Personentarife anbetrifft, so ist es Hauptzweck dieser Abhandlung, darüber des Näheren zu berichten. Die Darstellung der Gütertarife sollte Gegenstand einer besonderen Untersuchung sein.

[1] „It is, however clear, that whereas it was hoped at the time the (Railway) Act (1921) was passed, that a very large percentage of the „exceptional rates" then in force throughout the country would be absorbed within the greatly enlarged number of standard rates quoted in connexion with the twenty-one different classes of freight, it has not, in fact, been possible to bring this about". Wood & Sherrington, The Railway Industry of Great Britain, Special Memorandum No. 27 of the London & Cambridge Economic Service, January, 1929, S. 6. — Vgl. auch: Dunnage, Hard Times for the Railways, Fortnightly Review, September 1929.

Drittes Kapitel.

Die gegenwärtige Gestaltung der englischen Personentarife.

Vorbemerkung.

Wohl in kaum einem andern Land ist den Ausnahmetarifen eine derart große Bedeutung beizumessen wie in Großbritannien. Um so notwendiger ist es, sich über den Unterschied der einzelnen Tarifgruppen genügend Klarheit zu verschaffen.

Die englische Eisenbahnstatistik unterscheidet folgende Tarife und Fahrkarten:

1. ordinary tickets (= gewöhnliche Fahrkarten),
2. workmen's tickets (= Arbeiterfahrkarten) und
3. season tickets (= Dauerkarten).

Zum Zweck genauerer Angaben werden die Ordinary Tickets aufgeteilt in:

a) full fares (= volle Fahrpreise),
b) day- & half-day excursions (= Tages- und Halbtagesausflüge),
c) tourist-tickets (Touristenfahrkarten),
d) period excursions (eine Art Ferienkarten),
e) weekend-tickets und
f) other descriptions (andere).

Die sonst übliche Zweiteilung in Normal- und Ausnahmetarife ist in dieser Anordnung nicht zu finden. Materiell besteht sie aber trotzdem. Was die zuerst aufgeführte Gruppierung in ordinary-, workmen's und season tickets anbetrifft, so ist sie den Eisenbahngesetzen entnommen. Gewöhnliche Fahrkarten (= ordinary tickets) gibt es im Grund genommen gar nicht, und deshalb gibt es auch keinen gewöhnlichen Tarif. Einen solchen gäbe es nur unter der Voraussetzung, daß die englischen Bahnen für alle übrigen als die Arbeiter- und Dauerfahrkarten die gesetzlich zulässigen Preise erheben würden. Tatsächlich entsprechen jedoch nur die full fares dem gesetzlichen Tarif der ordinary tickets, den ordinary charges oder ordinary fares, und auch diese nicht ausnahmslos. (Unter charges versteht man die Tarife überhaupt, „fares“ dagegen heißt soviel wie Personenfahrpreis.)

Die full fares nun sind ungefähr das, was der kontinentale Eisenbahnfachmann als Normaltarif bezeichnet (im Personenverkehr). Sie sind die Fahrpreise, die für eine Eisenbahnfahrt — wenigstens formell — in erster Linie in Frage kommen. Sie sind die Preise für Fahrkarten, die ausnahmslos an jedermann, ausnahmslos für jede Normalfahrt und ausnahmslos für alle Entfernungen ausgegeben werden, drei Kriterien, die bei den übrigen Tarifen gleichzeitig nicht zutreffen. Diese letzteren stellen demnach in ihrer Gesamtheit die verschiedenen Ausnahmetarife dar. Davon sind die Arbeiter- und Dauerfahrkartentarife solche gesetzlicher Art, während die übrigen Ausnahmetarife von den englischen Bahnen ohne staatlichen Zwang, freiwillig als Bemessunggrundlage gewisser Leistungen verwendet werden.

Wenn wir die full fares als die Normaltarife bezeichnen, so stimmt dies allerdings nur bis zu einem gewissen Grade. Die gegenwärtige Gestaltung des Tarifaufbaus zwingt uns, auch noch andere als die full fares zu den Normaltarifen zu rechnen (obschon sie statistisch zum Teil unter die Ausnahmetarife subsummiert werden). Der Übersicht halber teilen wir deshalb die Normaltarife schlechthin in drei Gruppen ein:

1. die eigentlichen Normaltarife (= full fares),
2. die abweichenden Normaltarife und
3. die Konkurrenztarife.

Es leuchtet vielleicht nicht recht ein, wieso die zweite und dritte Gruppe keine Ausnahmetarife sein sollen. Zugegeben: es sind dies auch nicht eindeutig Normaltarife; aber sie sind eher Normal- als Ausnahmetarife. Warum dies so ist, wird an anderer Stelle begründet werden.

Über die Einteilung der Ausnahmetarife ist folgendes zu bemerken. „To-day there are over 150 methods of travelling at cheap fares“, heißt es einleitend in einem Propagandaheft der GWR. Schon dieser Satz deutet darauf hin, daß eine Gruppierung der Ausnahmetarife einerseits keine leichte Aufgabe, anderseits aber auch von größter Bedeutung ist. Nach welchen Gesichtspunkten sollen wir die lange Reihe von mehr oder weniger wichtigeren, von neueren und älteren, von selbstverständlicheren und eigenartigen Tarifen in eine übersichtliche Darstellung zusammenfügen? Es besteht nämlich die Möglichkeit, entweder mehr auf die theoretischen Prinzipien der Preisbildung oder aber mehr auf die konkreten Verhältnisse Rücksicht zu nehmen. Im ersten Fall hätten wir unser Hauptaugenmerk auf die Wertschätzung zu legen, d. h. die Tarife in je eine Gruppe zusammenzufassen, die einem gleichen oder ähnlichen Reisezweck entsprechen: z. B. die für Ferienausflüge besonders geschaffenen Ausnahmetarife, die den Zahlungmöglichkeiten der Unbemittelten angepaßten Tarife usw. Es zeigt sich jedoch, daß eine Einteilung, die nur nach theoretischen Grundsätzen aufgebaut ist, nicht möglich ist. Denn erstens kommen oft für einen und denselben Reisezweck mehrere Tarife in Frage, je nach den vorliegenden, meist ganz zufälligen Voraussetzungen, und zweitens dient vielfach ein bestimmter Tarif zur Preisbemessung von Ortsveränderungen, die ganz verschiedenen Zwecken dienen.

Anderseits wäre es unbefriedigend, etwa die in der Werbeliteratur aufgeführten Einteilungen als Vorlage zu benützen. Auch die Einteilung der offiziellen Statistik ist in der gegenwärtigen Form als Ganzes nicht brauchbar.

Vielmehr haben wir eine neue Gruppierung vorzunehmen, indem wir — kompromißartig — sowohl auf die theoretische als auch die quantitative Bedeutung der einzelnen Ausnahmetarife Rücksicht nehmen.

I. Die Normaltarife.

1. Die eigentlichen Normaltarife.

Warum wir die full fares als Normaltarife bezeichnen, wurde im vorigen Abschnitt begründet und hervorgehoben. Über die Vergangenheit dieser Tarifart haben wir in der geschichtlichen Zusammenfassung einiges berichtet.

Vor dem Krieg betrug der 3. Klasse-Tarif durchschnittlich — einen allgemein von jeder Gesellschaft angewendeten Tarif gab es damals bekanntlich noch nicht — 1 d für 1 Meile, und der 1. Klasse-Tarif 2 d für 1 Meile[1].

Heute wird für nahezu alle Fahrstrecken ein Normaltarifsatz von

1,5 d für M. für die 3. Klasse und
2,5 d „ „ „ „ 1. „

erhoben. Diese Sätze, die eine Erhöhung von 50 % für die 3. Klasse und 25 % für die 1. Klasse gegenüber den Vorkriegstarifen bedeuten, sind seit

[1] Meile wird von nun an durch M abgekürzt.

der Tarifherabsetzung vom 1. Januar 1923 in Kraft[1]. Die Tarife der zwei Wagenklassen verhalten sich heute wie 3 : 5. Wenn vor dem Krieg die 1. Wagenklasse durchschnittlich doppelt so teuer war als die 3. Klasse, so bezog sich dieses Verhältnis nur auf die einfache Fahrtaxe, für die Hin- und Rückfahrt wurde den Käufern der 1. Klasse von gewissen Bahngesellschaften eine den 3. Klasse-Fahrgästen nicht immer zugestandene Begünstigung gewährt[2]. Abgesehen von wenigen Ausnahmen gibt es heute keinen ermäßigten Hin- und Rückfahrttarif mehr. Es sei aber schon an dieser Stelle darauf hingewiesen, daß einige der Ausnahmetarife einen beachtenswerten Ersatz dieser heute fehlenden Ermäßigung darstellen. Gegen Bezahlung des doppelten Preises der einfachen Fahrtaxe können natürlich für alle Fahrstrecken besondere Hin- und Rückfahrtkarten gelöst werden, doch besteht kein großer Anreiz zu solchen Käufen, um so weniger, als die Gültigkeit dieser Fahrkarten für Entfernungen von mehr als 12 M auf drei Monate und für solche von weniger als 12 M auf zwei Tage beschränkt wird.

Zurückkommend auf das geltende Tarifverhältnis der zwei Wagenklassen, müssen wir uns noch die Frage vorlegen, ob dieses in der Höhe von 3 : 5 als günstig bezeichnet werden kann. Zieht man in Betracht, daß sich die zwei Klassen in ihrer Bequemlichkeit nicht stark unterscheiden, und daß in manchen Schnellzügen die 3. Klasse-Wagen einen auf dem Kontinent nirgends anzutreffenden Komfort aufweisen, so neigt man zu der Ansicht, den 1. Klasse-Tarif als relativ hoch zu bezeichnen. Über das tatsächliche Benützungsverhältnis geben uns folgende Zahlen Aufschluß:

Auf den Strecken der vier großen Gesellschaften zu full fares gefahrene Personenmeilen (in Tausenden):

	Februar 1925[3]	September 1927
1. Kl.	850 (3,17 %)	710 (2,83 %)
3. Kl.	25 942 (96,83 %)	23 776 (97,17 %)
Total	26 792 (100,00 %)	24 486 (100,00 %)

[1] Sherrington nennt diese Tarife die „Standard Fares for the four big Railway Companies", was wahrscheinlich soviel heißen soll wie Normaltarife. (2. Bd., S. 98.) Die standard fares und standard charges, die im Eisenbahngesetz von 1921 angeführt sind, umfassen auch eine Anzahl von Ausnahmetarifen. Über den Zusammenhang von standard revenue und standard charges siehe 2. Kapitel, Abschnitt VI 2.

[2] So betrug bei der Great Western der Hin- und Rückfahrttarif 200 % des einfachen bei der 3. Kl., jedoch nur 175 % bei der 1. Kl.

[3] Personenmeilen werden nur für höchstens 2 Monate des Jahrs berechnet. Die hier angeführten Zahlen sind die letzten, die für einen Wintermonat berechnet worden sind. Die Prozente wurden nach den nicht abgerundeten Personenmeilen bestimmt.

Die Käufer von 1. Klasse-Fahrten stellen demnach eine kleine Schar höher Schätzender dar (von der übrigens im englischen Volksmund erzählt wird, daß sie sich nur aus Adligen und Verrückten zusammensetze). Es ist anzunehmen, daß ein Tarifverhältnis von etwa 5 : 7 (statt 3 : 5) ein für die Bahnen günstigeres Benutzungsverhältnis ermöglichen würde. Die absolute Tarifhöhe hat auch einen Einfluß auf das Maß der Beliebtheit der teureren Klasse, und damit hängt es wahrscheinlich zusammen, daß jene Fahrgäste, die zu Ausnahmetarifen reisen, eine relativ bedeutend größere Zahl von 1. Klassekäufern aufweisen[1].

Ebenso wichtig wie die Einteilung in Wagenklassen ist die Art der Tarifbemessung in bezug auf die Entfernung. Im Gegensatz zu den Gütertarifen ist der englische Personennormaltarif ein reiner Entfernungstarif. Berücksichtigt man, daß die Wertschätzung durchschnittlich weniger als proportional bei zunehmender Entfernung steigt — und zwar sowohl bei Ortsveränderungen produktiver als auch bei solchen konsumtiver Art —, so erscheint der Staffeltarif als das gegebene. Wenn trotzdem am Entfernungstarif festgehalten wird (in Großbritannien und andernorts), so deshalb, weil den Bahnen im Fernverkehr am wenigsten Wettbewerb gemacht wird, und weil die Elastizität des Fernverkehrs als gering betrachtet wird[2]. Diese Theorie entspricht jedoch nicht der Erfahrung. In Italien wurde im Jahr 1905 ein Staffeltarif mit stark fallenden Sätzen eingeführt, und die Folge war eine ganz wesentliche Zunahme des Fernverkehrs[3]. Warum sollten sich die englischen Bahnen, die ebenfalls ein länglich geformtes Territorium befahren, die italienischen Erfahrungen nicht zunutze machen? Der reine Entfernungstarif wirkt für große Fahrten — wie z. B. von London nach Edingburgh — um so drückender, als für gewöhnliche Rückfahrten keine Ermäßigung gewährt wird. Es ist übrigens wahrscheinlich, daß die gegenwärtige Tarifpolitik in absehbarer Zeit in dieser Beziehung eine Änderung erfahren wird, denn der Kraftwagenwettbewerb macht sich langsam auch für große Entfernungen geltend, und die Entwicklung des Flugzeugverkehrs wird ebenfalls ihre Folgen haben.[4])

Bis jetzt war eigentlich nur von der relativen Höhe der Normaltarife die Rede. Soll nicht auch in Erwägung gezogen werden, ob die

[1] Die Prozente der 1. Kl.-Reisenden aller Tarife betragen (totale Zahl von Personenmeilen = 100 %): Februar 1925: 13,38 % und September 1927: 8,83 %.

[2] Auch Sax beurteilt die Elastizität dieses Verkehrs als gering (Bd. 3, S. 350).

[3] Sax, Bd. 3, S. 364.

[4] Es ist bezeichnend, daß die englischen Bahnen beim Parlament eine Bill eingereicht haben, die ihnen das Recht geben soll, eigene Flughäfen einzurichten. Zweifellos handelt es sich hierbei nur um eine konkurrenzpolitische Maßnahme.

Tarifhöhe von 1,5 d für 1 M (beschränken wir uns auf die 3. Klasse!) an und für sich als günstig bezeichnet werden kann?

Daß es sich hier um ein äußerst schwieriges Problem handelt, wird niemand bezweifeln wollen. Vorerst haben wir uns darüber Klarheit zu verschaffen, was wir unter einem günstigen Tarif zu verstehen haben. Wir werden zu verschiedenen Ergebnissen gelangen, je nachdem wir einen mehr volks- oder einen mehr privatwirtschaftlichen Standpunkt einnehmen. Welches aber auch unsere Voraussetzungen seien, praktisch kommt für uns zur Lösung dieses Problems nur der Weg des Vergleichs in Frage. Wir werden demnach den englischen Tarif demjenigen gewisser kontinentaler Bahnen gegenüberzustellen haben. Dabei wird sich ergeben, daß der englische Normaltarif höher ist als der französische, deutsche, italienische, schweizerische usw. (besonders in bezug auf große Entfernungen).

Inwiefern jedoch berechtigt uns ein solcher Vergleich zu irgendwelchen Schlüssen? Es muß nämlich berücksichtigt werden, daß die den Tarifen entsprechenden Leistungen in den einzelnen Ländern verschieden sind, eine Schwierigkeit, über die im besten Fall ein mit den jeweiligen Verhältnissen genau vertrauter Fachmann bis zu einem gewissen Grad hinwegzuhelfen vermöchte. Eine kommentarlose Gegenüberstellung der Normaltarife kann zu völlig falschen Schlußfolgerungen führen (ganz abgesehen von Schwierigkeiten, die von der Geldseite herrühren).

Was bedeutet einem Unbemittelten die 3. Wagenklasse, wenn ihm noch eine billigere, eine 4. Klasse zur Verfügung steht, wie dies in Deutschland bis vor kurzem der Fall war? Man ist geneigt, eine Lösung des Problems darin zu suchen, daß man die Tarife der billigsten Wagenklassen miteinander vergleicht. Was aber heißt billig in England, wo es doch eine ganze Serie von Billigkeiten gibt, die nicht alle gleichzeitig in Frage kommen. Damit sind die englischen Ausnahmetarife gemeint. Diese außer acht zu lassen, geht nicht an, denn sie bilden die Preise von etwa 80 % aller auf den großen Bahnen begonnenen Eisenbahnfahrten (passenger journeys)[1].

Schließlich hätte man bei einem internationalen Tarifvergleich zu berücksichtigen, daß gewisse kontinentale Bahnen Schnellzugzuschläge erheben, und daß in Fernzügen die billigste Wagenklasse nicht immer mitgeführt wird. In Großbritannien dagegen wird zwischen den express

---

[1] Die von Knebel (Reichsbahnpersonentarife und ihre wirtschaftliche Bedeutung, S. 149—152) angeführten internationalen Vergleiche können deshalb — wenigstens was die englischen Tarife anbetrifft — irreführen. Einzig für die Fahrpreise einfacher Fahrten sind sie berechtigt.

trains und den local trains kein tarifarischer Unterschied gemacht. Solche internationalen Verschiedenheiten können jedoch statistisch nicht erfaßt werden. Deshalb haben wir auf einen Vergleich der Normaltarife zu verzichten, die auf so verschieden festgesetzter Grundlage beruhen.

Das heißt nun allerdings nicht, daß es überhaupt keine Methode gibt, die Preise von Verkehrsleistungen verschiedener Bahnen einigermaßen zu vergleichen. Nur hat man sich mit Durchschnittspreisen zu begnügen. Es dürfte zwar sehr schwierig sein, diese selbst zu berechnen, aber es gibt eine dem Durchschnittspreis äquivalente Größe: die während eines Jahrs erzielte Einnahme für Leistungseinheit, d.h. für PersonenM., oder Personenkm. Darüber werden von sozusagen allen Bahnen statistische Angaben gemacht. Infolgedessen ist es möglich, die durchschnittlichen Belastungen der Reisenden verschiedener Bahnen miteinander zu vergleichen, was in anfolgender Tabelle versucht wird.

Vergleich der von verschiedenen Bahnen für Nutzleistungseinheit erzielten Einnahmen des Personentransports.

Bahnen	Nach Thompson (Bureau of Railway News & Statistics)[1]		Nach Wirtschaft u. Statistik (Berlin), 1928, No. 8	
	Cents für Personen-M	(Jahr)	Reichs-Pfennig für Personen-km	(Jahr)
Brasilianische	3,45	(1925)	—	—
Norwegische	3,32	(1926/27)	—	—
Bahnen der U.S.A. (alle Gruppen)	2,90	(1927)	7,6	(1926)
Canadische	2,69	(1927)	7,6	(1926)
Schweizerische	1,97 [2]	(1926)	4,7	(1926)
Englische	1,89 [3]	(1927)	4,5 [4]	(1924)
Schwedische (Staatsbahnen)	1,87	(1926)	—	—
Österreichische	—	—	2,6 [5]	(1925)
Deutsche Reichsbahn	1,15	(1926)	2,9	(1926)
Französische	—	—	2,2	(1924)
Japanische	0,96	(1926/27)	2,4	(1925/26)
Indische (brit.)	0,69	(1926/27)	1,8	(1925/26)

[1] Railway Statistics of the U. S. A. for the year 1927. Chicago, 1928, prepared by Thompson.

[2] Schweiz. Bundesbahnen: 1,80 cents (1 M = 1,61 km, 1 cent = 5,18 Rappen).

[3] Diese seien berechnet nach „special report", womit wahrscheinlich die Statistik des Monats September gemeint ist. Eine Nachprüfung ergibt zwar, daß obige Zahl von 1,89 cent etwa 0,2 cent höher ist als die entsprechende Größe in der englischen Statistik. Möglicherweise beruht obige Zahl auf einer Schätzung des Jahresresultats.

[4] Für Monat September.

[5] Nach Sarter: Verkehrswerbung bei den Eisenbahnen, Berlin, 1927, S. 200.

Hieraus ergibt sich nun mit aller Deutlichkeit, daß die Personenfahrpreise der englischen Eisenbahnen durchschnittlich nicht übermäßig hoch sind. Worauf dies — trotz der verhältnismäßig hohen Sätze des Normaltarifs — zurückzuführen ist, haben wir oben schon angedeutet. Eine ausführlichere Erklärung liefern die Angaben über die Ausnahmetarife, deren Sätze (im Vergleich mit denen des Normaltarifs) oft sehr niedrig sind[1].

Die Kaufkraft des Geldes ist allerdings nicht überall die gleiche. In Nordamerika z. B. ist sie geringer, in Österreich, Deutschland, Frankreich und besonders in Indien ist sie höher als in Großbritannien. Es ist auch zu berücksichtigen, daß in unserer Tabelle nur die Durchschnittserträge einer beschränkten Zahl von Bahnen wiedergegeben sind. In Europa dürfte es, außer den von uns angeführten, noch wesentlich mehr Bahnen geben, die niedrigere Durchschnittspreise erheben als die englischen. Trotzdem ist ein Vergleich der Durchschnittserträge (= Durchschnittspreise) für Nutzleistungseinheit unter gewissen Vorbehalten gerechtfertigt, während eben eine Gegenüberstellung der für einzelne Leistungen geforderten Preise generell nicht brauchbar ist.

2. Abweichende Normaltarife.

Außer dem eigentlichen, gewissermaßen für den gesamten Tarifaufbau grundlegenden Normaltarif, gibt es einzelne Tarife, die ebenfalls als normal bezeichnet werden können. Ihre Bedeutung ist mehr prinzipieller denn quantitativer Art. Als Normaltarife bezeichnen wir sie deshalb, weil sie den eigentlichen Normaltarif ersetzen, und weil sie auch statistisch zu den full fares gerechnet werden.

a) Eine abweichende Preishöhe entsteht dadurch, daß, wo zwei oder mehr Fahrstrecken (der gleichen oder verschiedener Gesellschaften) in Frage kommen, der kürzeste Weg als Berechnungsgrundlage genommen wird. Wenn man daher aus dem Fahrpreis gewisser Eisenbahnstrecken auf Grund der Meilenlänge den Preis für M. berechnet, erhält man eine Zahl, die kleiner ist als 1,5 (oder 2,5 für die 1. Klasse).

b) Der geschichtliche Rückblick hat uns gezeigt, wie verschieden die Personentarife bei den einzelnen Gesellschaften früher waren. Von diesen Differenzen sind heute noch Spuren vorzufinden. Als nämlich am 1. Januar 1923 die Normaltarife im Zusammenhang mit den Fusionen vereinheitlicht wurden, hat man in den Fällen, wo wesentliche Tarif-

---

[1] Es sei besonders auf die erste Tabelle des 5. Kapitels (Abschnitt II) verwiesen.

erhöhungen die Folge gewesen wären, von einer gänzlichen Uniformierung abgesehen. Auf Grund des Eisenbahngesetzes von 1921 hatten die Eisenbahnen am 1. Januar 1928 die sog. „Standard Charges" einzuführen[1]. Dabei hat man sich nun dahin geeinigt, die sich daraus ergebenden Tariferhöhungen in jedem Fall auf 10 % der am 1. Januar 1923 geltenden Tarifsätze zu beschränken[2]. Daß die Bahnen diese Vorsichtsmaßregel einer konsequent durchgeführten Uniformierung vorgezogen haben, ist unter Berücksichtigung der damals schon fühlbaren Automobilkonkurrenz verständlich. Heute finden sich deshalb immer noch Linien vor, auf denen zu einem niedrigeren als dem eigentlichen Normaltarifsatz von 1,5 d (oder 2,5 d für 1. Kl.) tarifiert wird. Eine zahlenmäßige Angabe über die quantitative Bedeutung dieser Abweichungen steht uns nicht zur Verfügung. Sicher ist soviel, daß sie nicht etwa nur eine Seltenheit darstellen. Am häufigsten sind sie vermutlich in Schottland (vgl. Kap. II). Das naheliegendste Beispiel ist die Tarifierung auf der Tilbury Section der LMSR. Auf der Linie von London (Fenchurch Street Station) nach Southend beträgt der 3. Klasse-Tarif heute nur 1,17 d für M. (statt 1,5 d.). Infolge der oben angeführten Berechnungsmethode (wonach bei mehreren Linien die kürzeste als Grundlage genommen wird) wird der Tarif der Strecke London (St. Pancras Station) nach Southend auf 1 d. für M hinabgedrückt[3]. Ursprünglich waren diese Tarife besonders niedrig, weil die Maxima der London Tilbury and Southend Act (1852) tiefer als gewöhnlich angesetzt worden waren.

In diesem Zusammenhang sei auch erwähnt, daß die Ausnahmetarife solcher Linien — weil auf Grund der Normaltarife berechnet — dementsprechend ebenfalls niedriger sind.

c) Eine zu den im vorigen dargelegten (außerordentlichen) Normaltarifen analoge Entstehungsgeschichte haben die heute noch bestehenden H i n - u n d R ü c k f a h r t t a r i f e, die niedriger sind als

---

[1] Siehe darüber 2. Kapitel, Abschnitt VI 2.

[2] Nach Angabe des Divisional Passenger Commercial Superintendent der LMSR, Glasgow, wurden diese Tariferhöhungen zugleich auch absolut beschränkt, und zwar auf sh. ¾ d. (1. Kl.) und sh. 2/0 d. (3. Kl.).

[3] Außerdem gibt es noch eine dritte Linie von London nach Southend, die der LNER. Die besonders niedrigen Tarife der Southender Linien waren übrigens Gegenstand eines besonderen „Falls" vor dem Railway Rates Tribunal, veranlaßt durch die Befürchtungen der Bewohner von Southend, die Fahrpreise nach London könnten durch die Einführung der Standard Charges unerträgliche Erhöhungen erfahren. Dabei haben die Eisenbahngesellschaften das Versprechen abgegeben, die Fahrpreise nur allmählich dem Standardtarif anzupassen. (Railway Gazette, 9. Juli 1927).

das Zweifache des entsprechenden einfachen Normaltarifs[1]. Man hat auch diese Tarife seit der Fusion von 1921 nicht standardisiert (wodurch sie als besondere Tarifart verschwunden wären), sondern hat sie nur um weniges erhöht[2]. Vielfach stimmt das Anwendungsgebiet dieser Hin- und Rückfahrttarife mit demjenigen der unter a) erwähnten Normaltarife überein.

d) Der internationale Verkehr der englischen Eisenbahnen wird zum Teil besonders tarifiert. Es handelt sich auch in diesem Fall um eine aus früheren Zeiten herübergenommene Abweichung, die nicht — oder noch nicht — standardisiert worden ist. Wer in einem Continental boat express der Southern fährt, wird zu einem höheren als dem normalen Preis, der für einen gewöhnlichen Zug der gleichen Fahrstrecke in Anwendung kommt, tarifiert. Zu dieser besonderen Tarifierung wurde die Southern in den Schedule of standard charges besonders ermächtigt:

Scale of Charges for the Conveyance of Passengers and their Luggage by Boat Express Trains en route to a destination beyond Great Britain:

per M. 1. Klasse $4\frac{1}{2}$ d. (statt $2\frac{1}{2}$ d.)
„ „ 2. „ 3 d.
„ „ 3. „ $1\frac{3}{4}$ d. (statt $1\frac{1}{2}$ d.)

Diese Besonderheit hängt u. a. damit zusammen, daß die englischen Bahnen ihre internationalen Anschlußlinien meist mit eigenen Schiffen und auf eigene Rechnung befahren. Im Grunde genommen ist es belanglos, wieviel von einem internationalen Fahrpreis auf die englische Bahnstrecke fällt. Der Gesamtfahrpreis ist für den Käufer allein maßgebend. Es ist deshalb diese Tarifabweichung mehr von prinzipieller als von praktischer Bedeutung[3].

Eine der Ursachen für die hohe Tarifierung des Kontinentalverkehrs der Southern liegt darin, daß diese Gesellschaft eine monopolartige Stellung für den Verkehr zwischen England und Frankreich (und anderen südeuropäischen Ländern) besitzt.

---

[1] Prinzipiell sind zwar die Hin- und Rückfahrtarife zu den Ausnahmetarifen zu rechnen, speziell in Großbritannien jedoch sind sie den meisten Ausnahmetarifen viel weniger ähnlich als den eigentlichen Normaltarifen. Ihre Sätze werden nicht generell in Prozent des Normaltarifs angegeben, sondern sie variieren, so daß sie eine Besonderheit für sich darstellen (abgesehen vom gewöhnlichen Retourtarif).

[2] Auch diese Tarife erfuhren am 1. Januar 1928 relativ und absolut beschränkte Erhöhungen, relativ: 10 %, absolut: sh. 4/— (3. Kl.) und sh. 6/8 (1. Kl.).

[3] Über die besondere Tarifierung des Kanalverkehrs in früheren Zeiten vgl. Cohn, 2. Bd., S. 334.

Das Mitführen einer 2. Wagenklasse in den boat expresses soll einen Klassenwechsel jener ausschalten, die in Frankreich oder Belgien die 2. Klasse fahren[1]. Dieses Dreiklassensystem besteht übrigens nur auf den Linien von London nach Dover, Folkeston und Newhaven, nicht aber auf der englischen Landstrecke des London—Havre(—Paris)-Dienstes, und auch nicht auf den Kontinentallinien der LNER (über Harwich) und der LMSR (über Tilbury).

Originellerweise ist die Southern durch Gesetz ermächtigt, höhere Tarife zu erheben auch für den Ascot Race & Epsom Race Traffic, und zwar 3 d für M. für alle Klassen[2].

3. Die Konkurrenztarife (Rail Cuts).

Der Wettbewerb des Kraftwagens gegen die Bahn ist nicht überall gleich stark. Am meisten macht er sich bemerkbar auf kürzere Entfernungen und in dichtbevölkerten Gegenden, welch letztere oft als Tummelplatz für viele Autogesellschaften dienen. Während im allgemeinen die Autokonkurrenz durch Ausnahmetarife bekämpft wird, hat man ihr speziell in diesen Gegenden durch Herabsetzung der Normaltarife entgegenzusteuern versucht. Bis heute hat u. W. erst eine der Bahngesellschaften diese Kampfmaßnahme ergriffen, die LNER, und zwar in zwei Netzgebieten, der Newcastle Area und der Southern Scottish Area. Es wurden aber die Tarife nicht für alle, sondern nur für einen Teil der Fahrstrecken herabgesetzt. Auch das Maß der Preisermäßigung ist nicht durchwegs das gleiche. Es bewegt sich um etwa 50 % herum. Das hängt eben damit zusammen, daß die Fahrpreise und die quantitativen Leistungen der Autobetriebe nicht gleich sind. Auf der einen Autolinie verkehren nur wenige Kurse, betrieben von einer oder zwei Gesellschaften (relativ hohe Fahrpreise), auf der andern dagegen eine ganze Menge (niedere Tarife infolge der Konkurrenz unter den einzelnen Autogesellschaften). Diesen Verschiedenheiten hat sich die Bahn nach Möglichkeit angepaßt.

---

[1] Außerdem wird die 2. Kl. noch beibehalten auf einigen Linien des Londoner Vorortsnetzes der LNER, wo der 3. Kl.-Tarif zum Teil wesentlich niedriger ist als 1,5 d p. M. Deshalb ist auch der 2. Kl.-Tarif dieser Strecken bedeutend niedriger als der der Kontinentalzüge der Southern. Die vom Railway Rates Tribunal festgesetzte Tarifhöhe beträgt 2 d p. M., kann jedoch kaum als Basis bezeichnet werden. Vielmehr stellt diese Zahl einen Durchschnitt der zwischen dem Tarif der Southern von 3 d. und demjenigen der LNER. (Entgegen der Ansicht von Sherrington, Bd. II, S. 98.)

[2] Schedule of standard charges (Southern Railway Comp.), S. 26. Es handelt sich hier gewissermaßen um eine Ermächtigung, die für den Besuch dieser Rennen höhere Wertschätzung der Käufer von Verkehrsleistungen auszunutzen.

Weil diese Tarifherabsetzungen nicht genereller Art sind, kann man sich fragen, ob der neue Tarif ein Normaltarif ist. Stellen nicht diese Konkurrenzpreise eine Ausnahme dar, und haben wir es deshalb nicht auch mit einem Ausnahmetarif zu tun? Die offizielle englische Eisenbahnstatistik bejaht diese Frage, indem die entsprechenden Betriebsresultate zusammen mit denen anderer Ausnahmetarife unter der Kategorie Day- & Half-Day Excursions, oder Excursion- & Weekend fares aufgeführt werden. Formell hat dies seine Berechtigung, denn die regionalen Konkurrenztarife sind weder ordinary fares noch eigentliche full fares, materiell handelt es sich jedoch um Normaltarife, weil für die betreffenden Fahrstrecken die ursprünglichen Normaltarife (full fares) nicht mehr in Kraft sind.

Der Zweck der Konkurrenztarife war und ist, einen Teil des ans Auto übergegangenen Verkehrs wieder zurückzugewinnen. Um dieses Ziel zu erreichen, war es notwendig, wenigstens die Quantität der Leistungen zu vermehren. So wurde z. B. im Sunderland District der Newcastle Area die Zugfrequenz ganz wesentlich erhöht, was durch die Anschaffung von 50 Motorwagen (Rail Coaches) ermöglicht wurde. Bisweilen wurde auch ein starrer Fahrplan eingeführt (d. h. stündlich gleiche Fahrzeiten).

Was speziell den Grad der Fahrpreisermäßigung anbetrifft, so sei darüber noch folgendes hinzugefügt. Wir beschränken uns dabei auf die Politik, die die LNER in der Newcastle Area verfolgt hat. Zum erstenmal wurden hier die Tarife am 1. Februar 1928 herabgesetzt. Zugleich wurden auch ermäßigte Hin- und Rückfahrtkarten eingeführt. Es scheint, daß diese erste Preisermäßigung nicht den erhofften Erfolg gebracht hat, auf alle Fälle wurden die Tarife im August 1928 aufs neue herabgesetzt (mit Ausnahme von einzelnen Fahrstrecken). Zur Illustration seien folgende Beispiele herausgegriffen:

Strecke	Fahrpreis vor dem 1. II. 28	Fahrpreis nach dem 1. II. 28	Reduktion in %	Fahrpreis seit dem 20. VIII. 28	Reduktion in %	Gesamtreduktion 1. II. bis 20. VIII. 28 in %
Newcastle—Blyth						
1. einfach	22 d.	15 d.	32	12 d.	20	45
2. hin und zurück .	44 d.	24 d.	45	18 d.	20	59
Newcastle—Newbigging						
1. einfach	33 d.	17 d.	48	(für diese Strecke keine		
2. hin und zurück .	66 d.	24 d.	64	zweite Fahrpreisreduktion)		

Die Ungleichheit der Preisermäßigung haben wir weiter oben schon erwähnt. Weil die Preise für Hin- und Rückfahrten vor dem 1. Februar 1928 doppelt so hoch wie die der einfachen Fahrten angesetzt waren, erfuhren sie zu jenem Zeitpunkt eine besonders starke Herabsetzung. Daher kommt es, daß z. B. für die Strecke Newcastle—Blyth der Preis einer Hin- und Rückfahrt seit dem 20. August 1928 um 18 % niedriger ist als der einer einfachen Fahrt vor dem 1. Februar 1928. Ermäßigte Hin- und Rückfahrtkarten wurden übrigens seit einiger Zeit in einer großen Zahl von Netzgebieten ganz Großbritanniens eingeführt. Während jedoch deren Gültigkeit durchwegs auf einen Tag beschränkt wird (deshalb Tagesrückfahrtkarten genannt), haben die Rückfahrtkarten der Newcastle Area die gleiche Gültigkeit wie die ordinary return tickets, nämlich zwei Tage für Entfernungen bis zu 12 M und drei Monate für solche von mehr als 12 M[1].

Wenn auch deren Ausgabe nicht gerade wesentlich ist — statistische Angaben werden darüber nicht veröffentlicht —, so sind doch die regionalen Konkurrenztarife ein Charakteristikum der englischen Personentarifpolitik. Ob sie mit der Zeit auch auf andere Netzteile ausgedehnt werden, wird von den Erfolgen abhängen, die die bisherigen Reduktionen der Normaltarife gezeitigt haben. Dann kommt es auch sehr darauf an, in welchem Maß die kürzlich zwischen Eisenbahn- und Autobetriebsgesellschaften eingeleitete Verständigungspolitik sich entwickeln wird.

II. Die Tarife der Dauerkarten (season-tickets).

1. Allgemeines.

Die Dauerkarten- oder Abonnementstarife unterscheiden sich in mancher Beziehung von den übrigen Ausnahmetarifen, ihr ursprünglicher Zweck ist jedoch identisch mit dem der meisten Preisermäßigungen: auch sie sollen eine gewisse Schicht von Personen zum Kauf von Verkehrsleistungen anregen. Wenn diese Begründung nicht immer als ausschlaggebend bezeichnet werden kann, so deshalb, weil einzelne Arten von Dauerkarten (und deren Tarife) auf sozialpolitische Rücksichten zurückzuführen sind. Selbst solche, von Staats wegen besonders stark ermäßigte Tarife sind oft mit dem privatwirtschaftlichen Interesse einer Bahn-

[1] Es wird zwar eigentümlicherweise in den Drucksachen, die zur Ankündigung dieser Konkurrenztarife ausgegeben worden sind, von der Gültigkeitsdauer der Rückfahrtkarten nichts angegeben. Es heißt in den Bedingungen nur: „These Tickets are issued subject to the conditions of issue of ordinary tickets. where applicable, and also to the following conditions . . .", folgen Bestimmungen, die auch für die ordinary tickets gelten. Für einzelne Strecken werden an einem oder zwei Wochentagen noch besonders starke Ermäßigungen für Hin- und Rückfahrten gewährt, wie dies zum Teil auch dort üblich ist, wo Tagesrückfahrttarife in Anwendung sind.

gesellschaft vereinbar. In Großbritannien gibt es materiell keine Arbeiterdauerkarten, es sei denn, man rechne zu solchen jene, die früher vom Parlament vorgeschrieben wurden, weil durch den Bau eines großen Londoner Bahnhofs ein ganzes Bevölkerungsquartier gezwungen wurde, sich in den Vororten anzusiedeln[1].

Das allen Dauerkartentarifen gemeinsame Merkmal besteht darin, daß sie die Verkehrspreise für eine Menge von Fahrten Einzelreisender darstellen. Diese Menge ist nicht in allen Fällen bestimmt, dagegen zeitlich und geographisch sozusagen immer beschränkt. Die zeitliche Beschränkung beträgt mindestens 1 Monat (bei den englischen Bahnen in gewissen Fällen nur 1 Woche) und höchstens 1 Jahr, die geographische Begrenzung bezieht sich vorwiegend auf einzelne Fahrstrecken oder dann auf kleinere oder größere Liniennetze.

Abgesehen von einigen unbedeutenden Ausnahmen, gibt es in Großbritannien nur Dauerkarten für bestimmte Fahrstrecken, auf denen während einer bestimmten Zeit eine unbeschränkte Zahl von Fahrten ausgeführt werden kann. Dauerkarten, die für eine vorgeschriebene Zahl von Fahrten berechtigen, kennen die englischen Bahnen nicht. Überhaupt kann das Tarifsystem der englischen season tickets im Vergleich zu den andern Tarifabnormitäten als relativ einfach bezeichnet werden.

Was die Zusammensetzung der V e r k e h r s s c h i c h t, die durch die Dauerkartentarife besonders tarifiert wird, anbetrifft, so setzt sie sich — ganz allgemein — vornehmlich aus z w e i K a t e g o r i e n zusammen. Die eine — und quantitativ bedeutendere — betrifft jene Personen, die zwei oder mehr tägliche Ortsveränderungen vornehmen, um von ihrem Wohnort zum Ort ihrer Berufstätigkeit zu gelangen, die andere Kategorie besteht vornehmlich aus Personen, bei denen die Eisenbahnfahrt selbst als ein Teil ihrer Berufstätigkeit bezeichnet werden kann. Diese zweite Kategorie wird von den englischen Bahnen dann besonders — und zwar bedeutend günstiger — tarifiert, wenn der Käufer der Verkehrsleistungen zugleich ein guter Kunde des Güterverkehrs der betreffenden Eisenbahngesellschaft ist. Diese Dauerkarten werden allgemein als t r a d e r ' s t i c k e t s bezeichnet, weil sie eben hauptsächlich für Geschäftsreisende in Frage kommen.

---

[1] Es handelt sich um den Kopfbahnhof Liverpool Street der Great Eastern (jetzt: LNER), der 1875 eröffnet worden war. Die auf diesen Bahnhofbau zurückzuführenden Tarifermäßigungen beziehen sich auf Fahrtstrecken zwischen gewissen Vororten und der Liverpool street station und bestehen in beschränktem Maß heute noch. (Sherrington, Bd. 1, S. 141.) Die für Arbeiter bestimmten weekly tickets sind zwar eine Art von Dauerkarten, aber mehr nur in formeller Hinsicht, denn sie stellen keine Preisermäßigung gegenüber der Einzel-Arbeiterfahrkarte dar.

Die erstgenannte Gruppe von Dauerkartenkäufern unterscheidet sich von der andern auch dadurch, daß sie die Leistungen der Bahn auf kürzere Strecken beansprucht, sie macht — abgesehen vom Arbeiterverkehr — das Hauptkontingent des Vorortverkehrs der Städte aus. Der Vorortverkehr als Ganzes stellt in industriellen Gegenden — und zwar ökonomisch wie auch technisch — einen ganz bedeutenden Verkehrsteil dar. Daraus ergibt sich eine Reihe von Problemen, auf die einzugehen nicht unsere Aufgabe ist. Es sei nur beiläufig erwähnt, daß die Hauptschwierigkeit jeweils darin besteht, in kurzer Zeit große Mengen von Personen befördern zu müssen. Vorerst eine rein technische Frage, insofern aber auch eine ökonomische, als es ein Verkehrsmittel in der Hand hat, durch Senken oder Heben der Verkehrspreise die Nachfrage nach Leistungen zu vermehren oder zu vermindern. Das ganze Problem spitzt sich im Grunde genommen auf die Frage zu, ob der Vorortverkehr ein rentables Geschäft sei oder nicht. Im allgemeinen scheinen große Bahngesellschaften diesen Verkehrsteil wegen der niedrigen Dauerkartenpreise und der besonders hohen Anlagekosten, die notwendig sind, um einen dichten Verkehr reibungslos abwickeln zu können, als notwendiges Übel zu bewerten.

Die Verkehrspolitik der englischen Bahnen beweist uns, daß es nicht angeht, den Vorortverkehr allgemein als unrentabel zu bezeichnen. Die Voraussetzungen sind natürlich in einzelnen Ländern verschieden, und möglicherweise bringt dieser Verkehrszweig aus gewissen Gründen den englischen Bahnen mehr Einnahmen ein als anderen Bahnen[1]. Auf alle Fälle ist es beachtenswert, daß die Betriebstechnik des englischen Vorortverkehrs gegenüber dem kontinentalen im Vorsprung ist. Diese Leistungsqualität, die sich in vermindertem Maß auch beim Fernverkehr zeigt, ist nicht etwa auf staatsinterventionelle Maßnahmen zurückzuführen, sondern kann als ein Erfolg der Privatwirtschaft gebucht werden. War es in früheren Zeiten hauptsächlich der Wettbewerb zwischen einzelnen Bahngesellschaften, die zu fortwährenden Leistungsverbesserungen anspornte, so wirkt heute im selben Sinn die Konkurrenz zwischen der Bahn und anderen Verkehrsmitteln (Tram, Autobus und Untergrundbahn). Dazu kommt noch eine gewisse Großzügigkeit, die manchen kontinentalen Bahnen abgeht, und die sich besonders in einer scharfen Trennung des Vorort- vom Fernverkehr zeigt. Wie sich aus rein privatwirtschaftlicher Initiative ein vorzüglich organisier-

---

[1] Genaue Vergleiche der Tarife sind auch hier unmöglich, weil in Großbritannien viele Vorortreisende, die in anderen Ländern Käufer von Dauerkarten sind, von den workmen tickets Gebrauch machen können, wobei sie meistens billiger wegkommen.

ter (elektrifizierter) Vorortverkehr entwickeln kann, beweist der Londoner Suburban Traffic der Southern.

Wie bei jeder Verkehrsart, so gibt es auch beim Vorortverkehr ein Optimum, das zwischen zwei aufeinanderfolgenden Intensitätsmaxima liegt. Mittels der Tarifpolitik kann eine Bahnunternehmung eine gewisse Annäherung an dieses Optimum herbeiführen. Die englischen Bahngesellschaften treiben bisweilen auch Siedlungspolitik, um die Rentabilität des Vorortverkehrs zu erhöhen. Die Metropolitan Railway Company, die fünftgrößte englische Eisenbahngesellschaft (abgesehen von der London Electric) hat selbst 2 641 000 £ (= ca. 12 % des übrigen Kapitals) in Siedelungen investiert.

2. Die gewöhnlichen Dauerkarten.

Daß die Preise der Dauerkarten vor dem Krieg eine ebensolche, wenn nicht noch größere Varietät aufwiesen, als die Normaltarife, verwundert uns nicht. Gemeinsam war diesen Tarifen nur die Staffelung, die auch heute noch besteht.

Während des Kriegs erfuhren die Tarife der season tickets keine Veränderungen, erst im Mai 1918 wurden diese erhöht, und zwar um

10 % für Entfernungen unter $12\frac{1}{2}$ M., und um
20 % „ „ von mehr als $12\frac{1}{2}$ M.

Da man aber die Normaltarife am 1. Januar 1917 um 50 % erhöht hatte, sind die Dauerkarten im Preis herabgesetzt worden. Darauf sind gewisse Anomalien zurückzuführen, die bis zum August 1920 bestehen blieben. So betrug z. B. der Preis einer Jahresdauerkarte für die Strecke London—Brighton für 1 Woche in der

1. Kl. sh. 15/3 bei gleichzeitig geltendem Preis einer gewöhnlichen Hin- und Rückfahrt (Normaltarif) von sh 22/6,
3 Kl. sh. 11/1 bei gleichzeitig geltendem Preis einer gewöhnlichen Hin- und Rückfahrt von sh $12/7\frac{1}{2}$.

Demnach machte sich der Preis einer Jahreskarte 1. Kl. schon bei etwa 36 Reisen bezahlt[1]. Die verhältnismäßig schwache Erhöhung dieses Ausnahmetarifs hatte eine Steigerung des Dauerkartenabsatzes von 1913

[1] Entnommen dem Bericht des Rates Advisory Committee, Ministry of Transport (Revision of Workmen Fares & other Fares lower than the ordinary), Proc. of Meet. 8. Juli 1920, S. 110, Appendix. Die in der Zeitg. d. Vereins Deutscher Eisenb.-Verw. (Nr. 11, 1921) angeführten Zahlen sind dahin zu korrigieren, daß die Preise der Wochenkarten die für 1 Woche berechneten Preise der Jahreskarten darstellen. Ähnliche Verhältnisse zwischen full fares und season-ticket rates bestehen zwar auch gegenwärtig noch, jedoch für bedeutend größere Entfernungen, z. B. London—Sheffield (vgl. auch Zeitg. d. Vereins Nr. 18, 1925).

bis 1919 um nahezu das Doppelte zur Folge. Die hohe Abnehmerzahl dieser Fahrkartensorte erfuhr eigentümlicherweise kaum eine Verminderung, als am 6. August 1920 deren Tarife um 50 % gegenüber den bis zum Mai 1918 geltenden Sätzen erhöht wurden.

Wie sehr es den Bahnen daran gelegen war, die durch die Dauerkartenkäufer gebildete Verkehrsschicht in ihrer nachkriegszeitlichen Bedeutung festzuhalten, beweist der von ihnen bei den Verhandlungen zum Gesetz von 1921 vorgelegte Wunsch, die damalige Höhe der Dauerkartentarife beibehalten zu dürfen, was auch genehmigt wurde. Seither hat dann allerdings eine gewisse Standardisierung stattgefunden (1. Januar 1928). Wie sich vorher die Dauerkartentarife zu den Normaltarifen ungefähr verhalten haben, sei in folgender (einzig möglichen) Weise zum Ausdruck gebracht[1]:

Für 1 Woche berechneter Preis eines season-tickets von 12-, 6-, 3-, oder eventuell 1monatiger Gültigkeitsdauer:

mindest. = Preis einer gewöhnlichen Hin- und Rückfahrt = etwa 3 d für M. in 3. Kl. oder 5 d per M. in 1. Kl.

höchstens = Preis von 3 gewöhnlichen Hin- und Rückfahrten = etwa 8 d für M. in 3. Kl. oder 15 d in 1. Kl.

im Durchschnitt = Preis von 2 gewöhnl. Hin- u. Rückfahrten = etwa 6 d für M. in 3. Kl. oder 10 d in 1. Kl.

Die Tarife wurden nach einem gewissen Schema berechnet, aber einzelne Fahrtstrecken wurden begünstigt, um — wie sich ein Eisenbahnbeamter ausdrückte — Passagiere anzulocken („to attract passengers")[2]. Die auf Grund des Gesetzes von 1921 am „appointed day" (= 1. Jan. 1928) einzuführenden standard charges bezogen sich auch auf die Dauerkartentarife, für die nun zum erstenmal ein einheitliches Schema festgesetzt wurde. In der Folge mußten manche season tickets im Preis herabgesetzt werden. Diese Preisreduktionen waren wegen der vorherigen ungleichmäßigen Tarifierung verschieden, in einem bestimmten Fall betrug die Tarifermäßigung z. B. 12½ %[3]. Demgegenüber fanden auch Tariferhöhungen statt. Aber diese wurden, entsprechend denen der Normaltarife, prozentual beschränkt, und zwar auf 10 %. Diese Vorsichtsmaßregel ist dadurch zu erklären, daß der Absatz der Dauerkarten in den letzten Jahren nicht unwesentlich zurückgegangen ist. Das vom Railway Rates Tribunal festgesetzte und in der folgenden

---

[1] Nach Pole & Milne, The Economics of Passenger Traffic, ex: Modern Railway Administration, London, 1925, 2. Bd. S. 123.

[2] Times, 29. September 1927, S. 9.

[3] Morning Post, 22. September 1927, S. 10. Diese Reduktion bezieht sich auf die dreimonatige Dauerkarte von Charing Cross (London) nach Hither Green.

Tabelle wiedergegebene Schema enthält deshalb nicht die ausschließlich geltenden Tarifsätze, sondern jene, die von den Bahnen höchstens erhoben werden dürfen. In vielen Fällen stimmen die maximalen Beträge mit den tatsächlichen überein, und wenn immer möglich, werden weitere Anpassungen der Preise an die Sätze des gesetzlichen Tarifschemas noch vorgenommen werden.

Gesetzliche Preise der Jahresdauerkarten[1].

(Halbjahrskarten kosten die Hälfte, Vierteljahrskarten ein Viertel und Monatskarten ein Zwölftel + 10 % der untenstehenden Preise.)

Entfernungen		3. Klasse	1. Klasse
Meilen		£ sh/d	£ sh/d
1		4 -/ -	6 -/-
2		5 10/ -	8 5/-
3		7 -/ -	10 10/-
3–10	für hinzukommende M.	1 -/ -	1 10/-
10–15	„ „	- 18/ -	1 7/-
15–30	„ „	- 12/ -	- 18/-
30-40	„ „	- 11/ 8	- 17/6
40–50	„ „	- 10/ -	- 15/-
50–75	„ „	- 9/ 2	- 13/9
75–100	„ „	- 8/ 4	- 12/6
100–125	„ „	- 7/ 6	- 11/3
125–150	„ „	- 6/ 8	- 10/-
150-175	„ „	- 5/10	- 8/9
175–200	„ „	- 5/ -	- 7/6
200–225	„ „	- 4/ 2	- 6/3
über 225	„ „	- 3/ 4	- 5/-

Wie dieses Schema zeigt, ist der englische Dauerkartentarif ein Staffeltarif, und zwar deshalb, weil „Entfernungsgruppen gebildet werden, für deren jede ein bestimmter, nur innerhalb dieser Gruppe gültiger Einheitsatz in Anrechnung kommt“, ein sogenannter „Anstoßtarif“[2].

Eine Ermäßigung von 50 % auf die Standard Charges wird an Personen unter 16 Jahren gewährt, sofern diese die Bahn ausschließlich

---

[1] Vereinfachte Darstellung der Schedule of standard charges of ordinary season tickets der Southern, GWR, LMSR und LNER. Es gibt auch standard charges für die auf einigen Linien noch geführte 2. Klasse. Diese Preise halten genau die Mitte zwischen den 1.- und 3.-Klasse-Sätzen.

[2] Im Gegensatz zum „durchgerechneten Staffeltarif“, bei welchem für verschiedene Entfernungen je ein bestimmter Einheitsatz der Wegeeinheit festgesetzt wird, der für die ganze Strecke berechnet wird. (Sax, l. c. 3. Bd., S. 338.)

dazu benutzen, um von ihrem Wohnort weg- oder an denselben zurückbefördert zu werden (d. h.: „if the tickets are required for residential purposes only").

Die gleiche Begünstigung betrifft auch Personen im Alter von weniger als 18 Jahren, die zum gleichen Zweck reisen, und die einen Wochenlohn von weniger als 18 sh beziehen[1] tatsächlich handelt es sich hier um die Schüler- und Lehrlingsdauerkarten, die auch in andern Ländern im Preis stark herabgesetzt sind.

Was die Gültigkeitsdauer der gewöhnlichen season tickets anbetrifft, so stehen dem Käufer mehr Perioden, als im Gesetz festgesetzt ist (1, 3, 6 und 12 Monate), zur Verfügung. Die GWR z. B. gibt Dauerkarten für alle Fahrtstrecken ihres Systems für Perioden von 1 Monat, 6 Wochen, 3, 4, 5, 6, 7, 8, 9, 10, 11 und 12 Monaten aus.

Dazu kommen erst noch die Wochenkarten (weekly season tickets), die für gewisse Strecken — besonders für den Nahverkehr — erhältlich sind. Ihre Preise können natürlich von den Bahnen beliebig festgesetzt werden, da sie nicht gesetzlich vorgeschrieben sind. Speziell auf der Southern kommt die Wochenkarte wesentlich teurer zu stehen als die Monatskarte, wie folgende (beliebige) Beispiele zeigen:

	$4\frac{1}{3}$-facher Preis einer Wochenkarte	Preis einer Monatskarte
	sh/d	sh d
Strecke von 5 M.	22/9	16/6
Strecke von 10 M.	34/8	25/9

3. Die trader's season tickets.

Durch diese Tarife gewähren die englischen Bahnen jenen Personen eine besondere Vergünstigung, die ihnen größere Mengen von Gütern zur Beförderung übergeben. Es handelt sich hier um das gleiche Prinzip, wie wenn ein Kaufmann seinem Geschäftsfreund eine besondere Ermäßigung auf seine Warenpreise zuerkennt. Die kontinentalen Bahnen kennen diese Tarifart u. W. nicht — wahrscheinlich deshalb, weil sich die Öffentlichkeit gegen eine derart ungleiche Behandlung empören würde — die englischen, eben privateren Eisenbahngesellschaften können auch

[1] Die in den Schedules of Standard Charges angeführten Bedingungen lauten wörtlich: „Passengers under 18 years of age to be charged ½ the above rates, when the tickets are required for residential purposes only, and the salary, wages and renumeration or any other monetary allowance whatsoever (either seperatly or in aggregate) of the passenger does not exceed 18 sh. per week."

heute noch so viele Ausnahmen gewähren, wie es ihnen paßt[1]. Allerdings besteht eine gewisse Ungerechtigkeit darin, daß jemand, der gezwungenermaßen seine Fracht an verschiedene Bahngesellschaften zu übergeben hat, von dieser Vergünstigung eventuell nicht Gebrauch machen kann.

Die Entstehung der Trader's Season Tickets ist wahrscheinlich auf ehemals heftige Konkurrenz zwischen einzelnen Gesellschaften zurückzuführen. Seinerzeit wurde auch abgestuft nach der Menge der aufgegebenen Fracht, so z. B. hatte die Great Eastern verschieden hoch tarifiert, je nachdem die ihr aufgegebene Fracht sich mindestens auf 1000, 2000 oder 4000 Pfund stellte[2].

Interessanterweise wurde für diese Ausnahmetarifart seit 1888 eine Scale of Charges befolgt, während alle übrigen Tarife bis vor wenigen Jahren eine große Verschiedenheit aufwiesen.

Vor dem Krieg betrug der Mindestfrachtbetrag, der zu solchen Dauerkarten berechtigte, 300 Pfund. Während des Kriegs wurde er auf 500, und als die englischen Gütertarife zu Beginn von 1920 erhöht wurden, auf 750 Pfund festgesetzt. Es scheint, daß man mit dieser Berechtigungsgrundlage mit Vorliebe experimentiert hat. Nach kurzer Zeit nämlich hat man den Mindestbetrag auf 1000 Pfund gehoben, um ihn dann auf die verhältnismäßig niedrige Summe von 450 Pfund sinken zu lassen. Am „Appointed Day" (1. Januar 1928) ging man sogar auf die Vorkriegshöhe von 300 Pfund zurück[3].

Was nun den Tarif der trader's season tickets anbetrifft, so sind ihre Preise um 42 % niedriger als die der gewöhnlichen Dauerkarten. Das Distanzschema der ordinary season tickets dient nämlich als Grundlage. Wir haben es demnach auch hier mit einem Staffeltarif zu tun. Die jetzt geltende Ermäßigung von 42 % war schon

[1] Wenn neue Ausnahmetarife gewährt werden, muß darüber dem Verkehrsminister sofort Mitteilung gemacht werden. Ist dieser der Ansicht, daß dadurch eine gewisse Klasse von Reisenden benachteiligt wird, oder daß dadurch eine Verwirklichung des „standard revenue" verunmöglicht wird, so kann er das Tarifgericht beauftragen, zu urteilen, ob diese Ausnahmetarife wieder aufzuheben oder abzuändern seien. (Railway Act 1921, Section 41.) Praktisch ist diese Gesetzesbestimmung kaum von Bedeutung (wenigstens nicht in bezug auf die Personentarife).

[2] Schwabe, Über die englischen Eisenbahnen, Wien, 1871, S. 90.

[3] Railway Gazette, 7. Dezember 1928, S. 742, Pole & Milne l. c., S. 128, Zeitg. d. Ver. Deutsch. Eisenbahnverw. Nr. 11, 1921 und Nr. 18, 1925.

vor dem 1. Januar 1928 in Kraft, an welchem Tag sie vorübergehend auf 25 % ermäßigt worden war[1].

Als eine mit dieser besonderen Dauerkarte verwandte Tarifart sind die in den U. S. A. bekannten Passes, die gesetzlich verboten worden sind, zu beurteilen[2].

4. Die thousand mile tickets.

Diese Dauerkarten berechtigen nur zu Fahrten in der North-Eastern Area (= ca. Nordostengland) der LNER und werden nur für die 1. Wagenklasse ausgegeben. Es wird dadurch jenen eine Vergünstigung gewährt, die — im Gegensatz zu den season ticket-Käufern — eine verhältnismäßig große Zahl von verschieden gerichteten Ortsveränderungen vorzunehmen in die Lage kommen[3].

Der Preis einer solchen Dauerkarte stellt sich in jedem Fall auf £ 8/8 sh., der Käufer hat das Recht, mit seiner Familie, seinen Gästen und Angestellten während eines Jahrs innerhalb des nordöstlichen Eisenbahnnetzes der LNER beliebig herumzufahren, solange die 1000 Kupons ausreichen. Für jede für eine Person durchfahrene Meile wird ein Kupon abgerissen. Werden alle Kupons aufgebraucht, so kommt eine einzelne Meile auf 2 d. zu stehen, was gegenüber dem Normalerstklassentarif von 2,5 d. eine Ermäßigung von 20 % bedeutet. Das ganze book kann auch in vier Abschnitten bezogen werden, wodurch ermöglicht wird, daß Angehörige des Käufers gleichzeitig von den Kupons Gebrauch machen können. Für den Fall, daß die Dauerkarte am Schluß der Gültigkeitsdauer nicht vollständig aufgebraucht ist, kann sie gegen Entrichtung einer kleinen Gebühr für ein weiteres Jahr ausgedehnt werden[4].

---

[1] Die Preiserhöhung vom 1. Januar 1928, die mit der Einführung der standard charges zusammenhing, wurde am 1. Februar 1929 wieder annulliert. Sie scheint sich nicht bewährt zu haben, obschon man sie — analog wie bei anderen Tarifen — auf maximal 10 % beschränkt hatte. (Sherrington, l. c. Bd. II, S. 110. Railway Gazette, 28. Oktober 1927.)

[2] Diese Passes sollen (nach Sherrington, l. c. Bd. II, S. 110) hauptsächlich dazu gedient haben, „die Frachtrouten zu beeinflussen".

[3] Historisches: Bulletin du Congrès des Chemins de Fer, 1896, S. 1334.

[4] Von den näheren Bestimmungen seien folgende angeführt: Die Kupons werden vor Beginn der Fahrt am Fahrkartenschalter gegen gewöhnliche Fahrkarten ausgetauscht (auch gegen Hin- und Rückfahrtkarten). Die Kupons werden auch dann in Zahlung genommen, wenn der Reisende zudem im Besitz einer gewöhnlichen Dauerkarte ist und eine über deren Gültigkeitsbereich hinausreichende Fahrt auszuführen wünscht. Fahrtunterbrechungen sind nicht gestattet. Es werden im Minimum Kupons für Entfernungen von 10 M. entnommen, gleichgültig, ob einfach oder hin und zurück gelöst wird. Für Kinder von 3—12 Jahren wird die halbe Entfernung berechnet. Für Fahrten von oder nach Stationen, die außerhalb der North Eastern Area liegen, besteht meistens die Möglichkeit, von den Kupons Gebrauch zu machen.

Für welche Schicht von Käufern diese Ausnahmetarifierung hauptsächlich bestimmt ist, geht aus den Bezugsbedingungen nicht eindeutig hervor. Es ist jedoch anzunehmen, daß hauptsächlich Personen (oder vielleicht besser: Familien) mit relativ hohem Einkommen davon Gebrauch machen, vorausgesetzt allerdings, daß sie häufig in die Lage kommen, die Leistungen der Bahn in Anspruch zu nehmen (besonders für Ortsveränderungen, die geschäftlichen Zwecken dienen). Gerade von solchen Leuten hat sich aber in letzter Zeit die Mehrzahl Automobile angeschafft, und deshalb dürfte die Abnehmerzahl von thousand mile tickets beträchtlich zurückgegangen sein.

5. Die holiday season tickets.

Hier handelt es sich um eine Art Generalabonnement, bestimmt für Ferienreisen innerhalb gewisser — meist kleiner — Netzgebiete der einzelnen Eisenbahngesellschaften. Dem Zweck dieser Dauerkarten entsprechend beträgt die Gültigkeitsdauer nur eine oder zwei Wochen, und die Ausgabezeit ist vielfach auf die Sommermonate beschränkt. Das größte Gebiet, für welches holiday season tickets erhältlich sind, ist die North Eastern Area der LNER. Der Preis einer solchen Dauerkarte beträgt für die 1. Kl. und für eine Woche £ 4.14.6, für zwei Wochen £ 9.0.0 (keine 3. Kl.-Dauerkarten für dieses Gebiet). Das zweitgrößte Gebiet ist die Isle of Wight. Hierfür kostet ein 3. Kl.-Generalabbonnement für eine Woche sh. 7/6. Der Erfolg dieser Dauerkarte hat die Southern veranlaßt, die gleichen seven-day-season-tickets im Jahr 1929 für 7 weitere areas ihres Netzes auszugeben[1].

Auch in ihrer Gesamtheit ist den Ferienabonnements keine große Bedeutung beizumessen. Möglich ist es ja, daß ihr Anwendungsgebiet — unter dem Druck der Autokonkurrenz — eine beträchtliche Erweiterung erfahren wird.

6. Die Bedeutung des Dauerkartentarifs.

Nachdem wir die Preise und Preisbewegungen der englischen Dauerkarten kennengelernt haben, soll im folgenden noch auf deren Anzahl eingegangen werden.

Hierüber geben uns folgende Zahlen Aufschluß:

---

[1] Vgl. eine diesbez. Mitteilung in Times vom 25. Mai 1929, S. 9.

Anzahl des Dauerkartentarifs[1].

Jahr	Zahl der Dauerkartenbesitzer in Tausenden[2]	Zahl der ausgeführten Reisen in Millionen[3]	Reisen mit Dauerkarten in % aller Reisen[3]
1913	507	304	35,2
1923	760	456	34,6
1924	725	435	33,5
1925	721	432	33,5
1926	662	397	35,7
1927	660	396	33,5
1928[4]	633	380	32,5

Hieraus ist ersichtlich, daß die Dauerkarte in der Nachkriegszeit eine viel größere Käuferzahl aufwies als vor dem Krieg. Diese Entwicklung ist vor allem darauf zurückzuführen, daß der Dauerkartentarif bis zum Jahr 1920 im Verhältnis zu den Warenpreisen wie auch zu den Normaltarifen eine sehr geringe Erhöhung erfahren hatte (10—20 % im Jahr 1918). Kurz nach dem Krieg fand deshalb eine ganz beträchtliche Abwanderung von Normalkäufern (oder Käufern von anderen Ausnahmefahrkarten) zu Dauerkartenkäufern statt, und diese Bewegung erfuhr keine bemerkenswerte Reaktion, als im August 1920 die Preise der Dauerkarten ebensoviel erhöht wurden wie 1917 schon die Normalsätze, nämlich um 50 %. Obige Tabelle gibt zwar erst die Anzahl von 1923 und den folgenden Jahren an, aber aus den statistischen Angaben aller Eisenbahnunternehmungen kann die erwähnte Abwanderung annähernd festgestellt werden[5]. Leider stehen uns die in der 3. Spalte aufgeführten Verhältniszahlen erst vom Jahr 1923 an zur Verfügung.

Die Entwicklung seit den ersten Jahren der Nachkriegszeit zeigt eine langsame, fast gleichmäßige Abnahme des Dauerkarten-

[1] Die Zahlen beziehen sich auf alle Dauerkarten, also sind die Besitzer von Trader's Season Tickets und deren Reisen darin inbegriffen. — Sowohl die Größen dieser, wie auch die der nachfolgenden Statistiken stellen die Summen der entsprechenden Größen der vier engl. Hauptbahnen dar (nicht die Summen aller Normalspurbahnen (standard gauge Railways), die in der offiziellen Statistik auch angegeben sind).

[2] Berechnet auf Grund der offiziellen Statistik (Railway Returns, 1923 ff.).

[3] Nach Wood & Sherrington, l. c. S. 15, mit Ausnahme der Zahlen von 1913.

[4] Von Wood & Sherrington, l. c. S. 15, geschätzt auf Grund der Ergebnisse der ersten acht Monate von 1928.

[5] Für die Summe aller Bahnen (mit Einschluß der eigentlichen Stadt- und Vorortbahnen) sind die in der Tabelle aufgeführten Zahlen schon für die Jahre 1919 und folgende berechnet worden. Aus diesen ergibt sich auch, daß nach 1920 eine geringe Abnahme der Dauerkartenkäufer stattgefunden hat.

absatzes. Die Zahl der Reisen hat seit 1923 um 17 % und die Einnahmen aus dem Dauerkartenverkauf haben um 14 % abgenommen. Worin ist die Ursache dieses Rückgangs zu suchen? Der Tarif der Dauerkarten hat im Durchschnitt nur geringe Änderungen erfahren (Standardisierung). Wood und Sherrington schreiben den „steady decline in season ticket traffic“ der Automobilkonkurrenz zu, vor allem auch der Zunahme des Privatautomobils[1]. Ohne diese Ausführungen englischer Fachleute im geringsten bezweifeln zu wollen, weisen wir auf die Möglichkeit einer gewissen Abwanderung von Dauerkartenbesitzern zu Käufern von cheap midday tickets und ähnlichen verbilligten Fahrkarten hin[2]. Im Verhältnis zur Gesamtheit aller übrigen Tarife hat die Anzahl der Dauerkarten sich nicht vermindert. (Letzte Spalte obiger Tabelle.) Auch die Einnahmen aus den Dauerkartenverkäufen sind sich ungefähr gleich geblieben.

Die Bedeutung der Dauerkarte veranlaßt uns, noch eine besondere Gegenüberstellung mit den übrigen Tarifen vorzunehmen. Wir haben uns dabei allerdings auf die Ergebnisse des Monats September zu beschränken, denn nur für diesen werden die notwendigen Daten erhoben.

Bedeutung des Dauerkartentarifs[3].
(Monat September 1927).

Tarifart	Personen-M.		Durchschnittliche Reiselänge	Einnahme für 1 Meile
	absolut in Millionen	%	Meilen	d.
Tarif der gewöhnlichen Dauerkarten	322	19	9,81	0,46
Tarif der t. s. t.	75	4	37,92	0,40
Normaltarif	441	27	18,56	1,46
Übrige Tarife	829	50	—	—
Summe	1667	100	15,22	0,86

Aus diesen (z. T. geschätzten) Zahlen ergibt sich, daß nahezu soviel Meilen mit Dauerkarten gefahren werden wie mit Normalfahrkarten, obschon die durchschnittliche Reisestrecke der ersteren nur halb so groß ist wie die der letzteren. Wenn daher auch die Einnahme für Nutzleistungs-

[1] Wood & Sherrington, l. c. S. 16.

[2] Vgl. die Zusammenstellung über die Fahrpreise des Vorortverkehrs (Abschnitt III 2 dieses Kap.), woraus hervorgeht, daß auf Entfernungen von weniger als 4 M. die Midday Fares niedriger sind als die entsprechenden Season Ticket Rates.

[3] Zusammengestellt auf Grund der Monatstatistik und der Tabelle 8 in Wood & Sherrington, l. c. S. 16.

einheit verhältnismäßig gering ist, so haben die englischen Bahnen ein großes Interesse daran, der Abnahme des Abonnementsverkehrs nach Möglichkeit entgegenzusteuern. Ob dazu eine Herabsetzung der Preise notwendig sein wird, oder ob eine Verbesserung der Leistungen (Elektrifikation und Gleiserweiterungen von Vorortlinien) genügt, ist eine Frage, die zu beantworten wir nicht in der Lage sind.

III. Der Tarif der Arbeiterfahrkarten.
(workmen's tickets).

1. Allgemeines.

Schon aus der Untersuchung der theoretischen Preisbestimmungsfaktoren ging hervor, daß es nicht leicht ist, die Preise für Arbeiterkarten festzusetzen, ohne die Zahl der Ausnahmetarife übermäßig zu vermehren, ohne gewisse Käufergruppen zu benachteiligen und ohne die Rentabilität des Personenverkehrs wesentlich zu beeinträchtigen. Dazu kommen noch Schwierigkeiten mehr praktischer Art, auf die an dieser Stelle noch hingewiesen werden soll. Es sind vor allem zwei Probleme, die bei der Gestaltung der Arbeitertarife und den damit zusammenhängenden Fragen betriebstechnischer Art zu lösen sind; nämlich

1. die Abgrenzung der zum Bezug von Arbeiterkarten berechtigten von den dazu nicht berechtigten Personen,
2. die Tarifkontrolle.

Was die erstgenannte Schwierigkeit betrifft, so haben wir uns vorerst daran zu erinnern, daß die Arbeitertarife für jene Personen bestimmt sind, die ein geringes Einkommen haben und genötigt sind, um von der Wohn- zur Arbeitstätte zu gelangen, ein Verkehrsmittel zu benützen. Was haben wir jedoch unter *Personen mit geringem Einkommen* zu verstehen? Wo hat man die Grenze zwischen den Berechtigten und Unberechtigten zu ziehen? Am naheliegensten scheint eine Anlehnung an die progressive Einkommenbesteuerung, indem man etwa die von der Einkommensteuer befreiten Personen zu einem sehr niedrigen Tarif und die in der nächsten Steuerkategorie eingeteilten Personen zu einem etwas höheren Arbeitertarif berechtigen würde. Theoretisch steht einer derartigen Relation nichts im Wege, die praktische Durchführbarkeit dagegen hängt von einer Reihe von Voraussetzungen ab, die nicht überall vorliegen. Deshalb macht man vielerorts die Berechtigung nicht unmittelbar von der Einkommenshöhe abhängig, sondern sucht auf anderem Weg die Zahlungsfähigkeit zu berücksichtigen.

Da Personen mit geringem Einkommen ihre Arbeit durchschnittlich früher am Tag beginnen als andere, kann man die Abgrenzung darauf gründen, daß Arbeiterrückfahrkarten nur unter der Bedingung zur Bahnbenutzung berechtigen, daß die Fahrt am frühen Morgen angetreten wird. Seit der Einführung des Achtstundentags hat diese Methode naturgemäß an Berechtigung eingebüßt. Die englischen Bahnen machen trotzdem das Recht zum Bezug einer Arbeiterfahrkarte nahezu ausschließlich vom Beginn der Hin- und Rückfahrt abhängig, wie unten noch darzustellen sein wird.

Vorausgesetzt, daß ein großer Teil der Arbeiter nur verhältnismäßig wenige, aber bestimmte Linien zu befahren hat — wenn Industrie- und Arbeitersiedlungen an bestimmten Punkten konzentriert sind —, besteht die Möglichkeit einer Beschränkung der Gültigkeit von Arbeiterkarten auf einzelne Fahrstrecken, wobei u. U. eine Kombination mit der zeitlichen Gültigkeitbeschränkung notwendig ist. Wie bei der erstgenannten Methode, werden auch bei dieser gewisse Gruppen von Personen benachteiligt.

In noch vermehrtem Maß trifft dies zu, wenn bestimmte Arbeiterzüge geführt werden, in denen die Arbeiterkarten allein Gültigkeit haben. Ein derartiges System setzt ebenfalls eine gewisse Konzentration industrieller Betriebe voraus.

Damit seien in großen Zügen die wichtigsten Möglichkeiten einer Abgrenzung der Berechtigten von den Unberechtigten angedeutet. Ob das eine oder andere System zu empfehlen ist, hängt auch von außerökonomischen Faktoren ab (Tradition, Mentalität der Bevölkerung usw.). Kann eine direkte Abhängigkeit von der Einkommenshöhe nicht durchgeführt werden, oder wollen dies die Bahnunternehmungen nicht, so werden immer einzelne Klassen der Arbeiter benachteiligt nicht nur in dem Sinn, daß deren Realeinkommen dadurch verringert wird, daß sie zu höheren Ausnahme- oder gar Normalsätzen tarifiert werden, sondern auch deshalb, weil gewisse Arbeitsangebote nicht angenommen werden können wegen zu hoher Transportspesen. Einigermaßen kann einem solchen Übelstand durch besondere Ausnahmetarife abgeholfen werden.

Bei allen diesen Fragen spielt natürlich ein Problem eine Rolle, von dem bisher nichts erwähnt worden ist: die Abhängigkeit dieser Verkehrspreise von der zu durchfahrenden Strecke. Unzweifelhaft bestünde die theoretisch richtigste Lösung darin, daß die Entfernung überhaupt nicht berücksichtigt würde, denn was kann ein Arbeiter dafür, daß er — vielleicht Zeit seines Lebens — eine fünfmal größere Entfernung zurückzulegen hat, um an seine Arbeitstätte zu gelangen als ein anderer, der infolgedessen vielleicht fünfmal weniger an Spesen auszugeben hat. Tatsächlich werden u. W. die Preise der Arbeiterkarten überall nach einem Distanz-, Staffel- oder Zonentarif berechnet[1]. Anderseits darf man nicht außer Acht lassen, daß ein ausgesprochener Einheittarif in mancher Beziehung — und zwar auch volkswirtschaftlicher — von Nachteil wäre.

Zu dem Problem der Tarifkontrolle sei folgendes hervorgehoben. Wird die Berechtigung zum Bezug von Arbeiterkarten vom Einkommen oder von der Lohnhöhe abhängig gemacht, so ist die beste Methode augenscheinlich die, daß dem Bezugsberechtigten auf Grund einer Bescheinigung entweder vom Arbeitgeber oder von der Steuerbehörde eine Dauerkarte zu ermäßigtem Preis verabfolgt wird. Auf diese Weise wird das Schalterpersonal und die Fahrkartenkontrolle weniger belastet, als wenn Einzelfahrkarten gelöst werden müssen. Allerdings gibt es eine Gruppe von Personen, die ihren Arbeitsort des öfteren wechseln, wie z. B. die Bau- und Gelegenheitsarbeiter. Für diese sind Einzelfahrkarten vorteilhafter.

Stellt man auf die Arbeitszeit (oder besser: auf den Arbeitszeitbeginn) ab — ohne Berücksichtigung anderer Momente —, so ist die Kontrolle äußerst einfach. Jeder, der am Schalter vor einem bestimmten Zeitpunkt erscheint, erhält ohne weiteres eine Fahrkarte — wie dies in Großbritannien der Fall ist —, oder es werden Dauerkarten verabfolgt. Schließlich ist auch eine Kombination beider Systeme anwendbar. Kontrollschwierigkeiten ergeben sich noch am ehesten bei der Rückfahrt von der Arbeitstätte zum Wohnort, weil dann gleichzeitig der übrige Verkehr bedeutend ist.

Eine überall vorteilhafte Methode der Abgrenzung und der Kontrolle des Arbeiterverkehrs gibt es nicht, was zu empfehlen ist, hängt vielfach von der Größe und der Art des Verkehrs und anderen Dingen ab. Weil aber diese Fragen mit der Gestaltung des Arbeitertarifs selbst in engem Zusammenhang stehen, sind sie an dieser Stelle von der grundsätzlichen Seite beleuchtet worden.

---

[1] Immerhin wurde den englischen Bahnen z. T. früher eine Art Einheittarif vorgeschrieben, zum mindesten der Great Eastern für deren Londoner Vorortverkehr, auf der der Arbeitertarif selbst für große Entfernungen nur 2 d betrug. Ähnliches muß anderen Bahngesellschaften vorgeschrieben worden sein, denn sonst hätten die workmen's fares nicht bei 285 von 1001 Arbeiterzügen, die 553 Stationen mit London verbanden — die Zahlen beziehen sich auf 1913 — nur 2 d betragen. (Report of the Rates Advisory Committee on the Interim Revision of Railway Rates, Tolls, Fares and Charges. July 1920. [Cmd. 857.] S. 4.)

2. Der englische Arbeitertarif.

Im Gegensatz zur Praxis gewisser kontinentaler Bahnen machen die englischen Bahnen die Berechtigung zum Bezug einer Arbeiterfahrkarte nicht von der Lohnhöhe abhängig, sondern gestatten meistens jedermann, der am frühen Morgen eine Fahrt anzutreten wünscht, den Kauf eines Workmen's Ticket. Um diese zeitliche Abgrenzung richtig beurteilen zu können, hat man sich daran zu erinnern, daß in Großbritannien die höheren Angestellten meist erst um 9 Uhr (vielfach sogar noch später) an die Arbeit gehen, während die englischen Workmen bedeutend früher beginnen. Nun gibt es jedoch außer den Fabrik- und Bauarbeitern eine Berufsschicht, die, obschon sie ein geringes Einkommen bezieht, etliche Zeit nach dem Workmen an ihren Arbeitsort zu fahren hat und deshalb von der Begünstigung, die durch den Arbeitertarif gewährt wird, ausgeschlossen bleibt. Zu dieser Schicht gehören hauptsächlich die unteren kaufmännischen Angestellten, deren Einkommen von dem der Workmen nicht wesentlich verschieden ist.. Die Benachteiligung einzelner Berufszweige wird allerdings dadurch etwas abgeschwächt, daß die Sätze des Dauerkartentarifs, bezogen auf eine einzelne Hin- und Rückfahrt, nur wenig höher sind als die entsprechenden Sätze des Arbeitertarifs. (Vgl. weiter unten die Zusammenstellung über die Fahrpreise des Vorortverkehrs.)

Auf dem Netz der Southern und größtenteils auch im Bereich der drei übrigen Hauptbahnen sind die Arbeiterfahrkarten für solche Rückfahrten erhältlich, deren Hinfahrt spätestens um 8 Uhr morgens beendigt ist. Eine allgemein geltende Gesetzesbestimmung über den zeitlichen Gültigkeitsbereich dieses Ausnahmetarifs gibt es nicht. Auf gewissen Linien, hauptsächlich in Schottland, sind die Arbeiterfahrkarten nur in bestimmten Zügen, den sog. workmen's trains, gültig.

Zu der gegenwärtigen Gestaltung des Arbeitertarifs haben wir vorauszuschicken, daß auch heute — wie bei den Normal- und Dauerkartentarifen — noch nicht von einem ausnahmslos für alle Fahrtstrecken geltenden Tarif die Rede sein kann. Man sollte zwar meinen, daß dieser vom Parlament den einzelnen Bahngesellschaften seinerzeit vorgeschriebene Tarif von Anfang an eine gewisse Einheitlichkeit hätte aufweisen müssen, dem war aber anders[1]. Eine erstmalige Standardisierung fand 1920, eine weitere am „appointed day“ (1. Januar 1928) statt. Hatte

---

[1] Von der Entwicklung der Arbeitertarife sei hier nur das Wichtigste angeführt: Die ersten Begünstigungen an „Labouring Classes“ wurden 1861 in den Eisenbahngesetzen zweier Vorortlinien Londons festgesetzt. Die frühesten allgemeinen Bestimmungen, betreffend die Beförderung von Arbeitern, wurden festgelegt in dem „Cheap Trains Act“ von 1883, als Entschädigung wurde den

die erstere mehr den Charakter einer Tariferhöhung, so stellte die letztere eher eine Anpassung an eine bestimmte „Scale" dar, über deren Aufbau folgende Tabelle Aufschluß gibt. In welchem Maß die Preise einzel-

---

Bahnen die Passagiersteuer auf jene Transporte erlassen, für die nicht mehr als 1 d für 1 M. erhoben wurde. In den Gesetzen wurde nie eine Abgrenzung der zu Arbeitertarifen Berechtigten gegeben.

Vor dem Krieg war der Sachverhalt etwa folgender: Große Verschiedenheit auf einzelnen Linien, sowohl in bezug auf die Tarifhöhen, als auch die zeitliche Gültigkeitsbeschränkung usw. Teilweise wurden die Workmen's Fares nach einem Zonentarif berechnet. Eine äußerst interessante Tarifierung galt für die Strecke zwischen Liverpool Street (London) und dem Vorort Bruce Green:

Preis einer Retourfahrt, wenn	
Hinfahrt vor 7 Uhr (morgens) . .	2 d,
„ zwischen 7.00 u. 7.30 Uhr	3 d,
„ zwischen 7.30 u. 8.00 Uhr	4 d,
„ nach 8 Uhr	9 d (Return ordinary Ticket),
Preis einer einfachen Fahrt	6 d.

(Report: Rates Advis. Com., 6. July 1920, S. 16.) Die Tarifhöhe variierte zwischen einem Viertel und der Hälfte des normalen Hin- und Rückfahrttarifs. Etwa bei einem Drittel aller Arbeitertarife soll die Ermäßigung gegenüber dem Normaltarif 50 % betragen haben.

Während des Kriegs wurden keine Erhöhungen dieses Ausnahmetarifs vorgenommen. Das Rates Advisory Committee von 1920 befaßte sich erstmals nach dem Krieg mit der Frage, in welchem Maß die Workmen's Fares zu erhöhen seien. Richtigerweise ging man von den während und nach dem Krieg erfolgten Lohnerhöhungen aus, denn der Arbeitertarif soll eine Funktion des Lohns sein. Es wurde festgestellt, daß der Wochenlohn ungelernter Arbeiter von 20 bis 25 sh. (1914) auf 70 sh. gestiegen war, d. h. um durchschnittlich etwas mehr als 200 %. Die Löhne der Büroangestellten haben dagegen wesentlich geringere Erhöhungen erfahren, und deshalb wurde die Forderung aufgestellt, daß das Verhältnis der Tarife demjenigen der Löhne beider Berufsklassen angepaßt werde. Falsch war es natürlich, daß man auch auf die Kosten der Beförderung von Workmen abstellen wollte, der Versuch gelang — begreiflicherweise — nicht. Man kam nur zu dem Schluß, daß die Arbeiter zu einem „substantial loss" befördert wurden, und zwar auf Grund von Angaben der Eisenbahngesellschaften!

Die größte Tat der Eisenbahnkommission von 1920 bestand wahrscheinlich in der Aufstellung eines „Scale", der eine Vereinheitlichung der verschiedenen Tarife zur Folge hatte. Prinzipiell handelt es sich dabei um einen Staffeltarif für Entfernungen bis zu 4 M. und einen Entfernungstarif für solche von mehr als 4 M. Keine auf Grund dieses Schemas zu erfolgende Erhöhung durfte mehr als 200 % ausmachen. Die Größe dieser Verhältniszahl ist ein Fingerzeig für die Größe der bisherigen Tarifunterschiede. Die durchschnittliche Preiserhöhung von 1920 wird von der Railway Gazette auf 93 % geschätzt (14. Januar 1927, S. 36).

Seither haben bis zum 1. Januar 1928 keine — wenigstens keine offiziellen — Änderungen stattgefunden. An diesem Zeitpunkt wurden die Preise der Arbeiterfahrkarten nach dem unten angeführten Schema standardisiert, wodurch sich Ermäßigungen als auch Erhöhungen ergeben haben. Letztere wurden auf 1 d beschränkt.

ner workmen's tickets von dieser Basis abweichen, ist eine Frage, für die kaum eine Antwort gefunden werden könnte.

Schema der Arbeitertarife.[1]

Preise für Hin- und Rückfahrten von folgenden Entfernungen:

Entfernung in Meilen	Preis sh. d.	Entfernung in Meilen	Preis sh. d.
1	2	16	1. 0,5
1,5	2,5	16,5	1. 1
2	3	17	1. 1
2,5	3,5	17,5	1. 1,5
3	4	18	1. 1,5
3,5	4,5	18,5	1. 2
4	5	19	1. 2
4,5	5,5	19,5	1. 2,5
5	6	20	1. 2,5
5,5	6,5	20,5	1. 3
6	6,5	21	1. 3
6,5	7	21,5	1. 3
7	7,5	22	1. 3
7,5	8	22,5	1. 3,5
8	8	23	1. 3,5
8,5	8,5	23,5	1. 3,5
9	9	24	1. 3,5
9,5	9,5	24,5	1. 4
10	9,5	25	1. 4
10,5	10	25,5	1. 4
11	10	26	1. 4
11,5	10,5	26,5	1. 4,5
12	10,5	27	1. 4,5
12,5	11	27,5	1. 4,5
13	11	28	1. 4,5
13,5	11,5	28,5	1. 5
14	11,5	29	1. 5
14,5	1. 0	29,5	1. 5
15	1. 0	30	1. 5
15,5	1. 0,5		

Um diesen Tarif beurteilen zu können, wollen wir ihn dem Normal- und Dauerkartentarif gegenüberstellen. Wir erhalten dadurch auch eine Zusammenstellung der Fahrpreise, die die einzelnen Gruppen von Vorortreisenden zu bezahlen haben. Der Vollständigkeit halber muß dabei ein Ausnahmetarif angeführt werden, der in einem anderen Zusammenhang des genaueren dargestellt wird, die sog. midday-fares.

[1] Mitgeteilt vom Chief General Superintendent der LMSR in Derby.

Diese bilden Fahrpreise für eine große, unberechenbare Zahl von Reisen des Vorortverkehrs, meist für jene, die nach 10 Uhr morgens angetreten werden. Wie die workmen's tickets berechtigen auch die midday tickets zur Hin- und Rückfahrt am gleichen Tag. Während jedoch erstere nur für solche Personen in Frage kommen, die ihre Hinfahrt in den frühesten Morgenstunden ausführen — d. h. vor dem Einsetzen der größten Verkehrsdichtigkeit —, werden letztere ausschließlich auf jene Käuferkategorie beschränkt, die die Leistungen der Bahn erst nach dem „Rush" in Anspruch nehmen. Zur Zeit des größten Verkehrsandrangs — meistens zwischen 8 und 10 Uhr morgens — werden nur solche Personen zu den Zügen zugelassen, die im Besitze von season tickets oder ordinary tickets sind.

Die hauptsächlichen Fahrpreise des Vorortverkehrs:

Tarifart / Entfernung	Workmen's Fares	Season-Tickets-Rates [1]	Ordinary Fares	Midday-Fares
Meilen	d	d.	d.	d
1	2	3,2	3	1,5
2	3	4,4	6	3
3	4	5,3	9	4,5
4	5	6,4	12	6
5	6	7,2	15	7,5
10	9,5	11,2	30	15
15	12	14,8	45	22,5
20	14,5	17,1	60	30
30	17	22	90	45

Vorerst zeigt ein Vergleich der zwei ersten Preisspalten, daß der Unterschied zwischen dem Arbeiter- und Dauerkartentarif nicht groß ist. Es wurde schon darauf hingewiesen, daß dadurch die Benachteiligung der Personen mit geringem Einkommen und spätem Arbeitsbeginn abgeschwächt wird. Anderseits haben wir jedoch darauf hinzuweisen, daß die übrigen Dauerkartenkäufer verhältnismäßig zu schwach tarifiert werden, um so mehr, als diese vielfach in die Lage kommen, die Bahn für mehr als etwa 25 Hin- und Rückfahrten für 1 Monat in Anspruch zu nehmen, so daß ihnen eine einzelne Hin- und Rückfahrt billiger zu stehen kommt, als einem Arbeiter. (Fährt ein Dauerkartenbesitzer 30mal im Monat, so beträgt der Fahrpreis einer Fahrt auf eine Entfernung von 10 Meilen 9,33 d, während die Arbeiterkarte 9,5 d kostet.) Diesem Übel-

[1] Diesen Fahrpreisen sind die Taxen der dreimonatigen Dauerkarten zugrunde gelegt, und zwar wurde angenommen, daß für 1 Monat 25 Hin- und Rückfahrten ausgeführt werden.

stand kann wohl nur durch die Abänderung des ganzen Tarifsystems abgeholfen werden, indem die jetzigen Käufer von Dauerkarten nach ihrer Zahlungsfähigkeit ausgeschieden werden.

Im Vergleich zum Normaltarif erscheinen die Sätze des Arbeitertarifs niedrig, besonders wenn man berücksichtigt, wie weit der Begriff des workman in bezug auf die Tarifierung gefaßt wird. Dieses Verhältnis ist allerdings wesentlich abhängig von der Länge der Strecke, weil eben der erstere ein Staffel- und der letztere ein reiner Entfernungstarif ist. Es führt dies dazu, daß für jene Personen, die am frühen Morgen die Bahn zu benutzen haben, und für die sich der Kauf einer Dauerkarte nicht lohnt, ein großer Anreiz besteht, mit einem Zug zu fahren, in dem Arbeiterkarten gültig sind. Dadurch nämlich ergibt sich bei einer Entfernung von 30 M. eine Ersparnis von 81 % gegenüber einer Fahrt, für die der volle Preis bezahlt werden muß.

Ähnlich verhält es sich in dieser Beziehung mit den midday fares. Wem es möglich ist, einen späten Vorortzug zu benützen, wird dies tun, denn dadurch verringert sich der Fahrpreis — wenigstens in vielen Fällen — um 50 %.

3. Der Umfang des Arbeitertarifs.

Bei der Beurteilung der mit Workmen's Tickets beförderten Reisendenmenge haben wir uns daran zu erinnern, daß sich diese nicht ausschließlich aus solchen Personen zusammensetzt, für die der Arbeitertarif von Staats wegen vorgeschrieben worden ist. Es ist auch zu berücksichtigen, daß ein gewisser, in den folgenden Zahlen nicht enthaltener Prozentsatz des englischen Arbeiterverkehrs von lokalen Vorort- und den Untergrundbahnen bewältigt wird.

Der Umfang des Arbeitertarifs im Vergleich zu den übrigen Tarifen (Sept. 1927)[1].

Tarifart	Personenmeilen		Durchschnittliche Reiselänge	Einnahme für M
	absol. in Millionen	%	M	d.
Arbeiterfahrkarten	113	7	5,94	0,53
Dauerkarten (ohne Trarder's S.) . .	322	19	9,81	0,46
Normaltarif (Full Fares)	441	27	18,56	1,46
übrige Tarife	791	47	—	—
	1667	100	15,22	0,86

[1] Zusammengestellt auf Grund der Monatstatistik (Febr. 1928) und der Tabelle VIII in Wood & Sherrington's Railway-Industry of Great Britain, 1927, London, 1929. Vgl. 1. Anmerkung zum Unterabschnitt 6, Abschnitt II dieses Kapitels.

Es ergibt sich aus dieser Zusammenstellung, daß die Arbeiterfahrkarte nicht einen derart großen Absatz hat, wie man aus ihren Bezugsbedingungen ableiten könnte, denn die Personenmeilen machen nur 7 % des Gesamtverkehrs aus. Die Ursache dieser niedrigen Prozentzahl erklärt sich vor allem aus der geringen Reiselänge. Damit jedoch ist auch bewiesen, daß die Käuferzahl von workmen's tickets verhältnismäßig groß sein muß. Sie beträgt für 1927: 17,6 % der Gesamtzahl der Reisenden (d. h. nahezu so viel wie die Zahl der Normalkäufer (20,3 %), heute wahrscheinlich noch mehr). Ein besonderes Augenmerk haben wir noch auf die letzte Spalte zu werfen. Sollte nicht logischerweise die Einnahme für eine Streckeneinheit bei der erster Käuferklasse am geringsten sein und nicht bei der zweiten? Denn die Sätze des Arbeitertarifs sind doch niedriger als die des Dauerkartentarifs. Abgesehen davon, daß die oben vergleichsweise aufgeführten Tarifsätze nicht überall in Kraft sind (indem die wirklich erhobenen Sätze niedriger sind), und daß die hier angeführten Zahlen nicht allzu genau sein dürften, ist zu beachten, daß die Abonnenten eine durchschnittlich doppelt so große Strecke durchfahren als die Käufer von Arbeiterfahrkarten, weshalb sie infolge der Tarifstaffelung einen niedrigeren Durchschnittspreis zu bezahlen haben. Trotzdem scheint uns eben der workman — wenigstens der eigentliche — verhältnismäßig zu hohe Durchschnittspreise bezahlen zu müssen.

IV. Der Tarif der tourist tickets.

Wie der Name selbst andeutet, soll der Zweck dieses Tarifs sein, dem Touristen eine Ermäßigung zu gewähren. Es handelt sich demnach besonders um Erholungs- und Vergnügungsreisen. Deshalb ist auch die Gültigkeitsdauer der Touristenfahrkarten auf das Sommerhalbjahr beschränkt, genauer ausgedrückt: die Ausgabezeit läuft vom 1. April bis 31. Oktober, und die Rückfahrt — die Touristenfahrkarten sind Hin- und Rückfahrkarten — muß spätestens nach Ablauf von 3 Monaten erfolgen[1]. Es kommen demnach diese Fahrkarten auch für Rückfahrten während der Monate November, Dezember und Januar in Betracht.

Dem Zweck dieses Ausnahmetarifs entsprechend, werden tourist tickets nur nach bestimmten „resorts" (Kurorte, Ausflugsziele) ausgegeben. Dadurch will man vermutlich jene Reisenden von der Begünstigung des Touristentarifs ausschließen, die keine Touristen sind. Es hält natürlich äußerst schwer, die Eisenbahnstationen zu sondieren nach

[1] Vor 1928 war die Gültigkeitdauer auf zwei Monate beschränkt gewesen, und die Ausgabezeit betrug früher nur sechs Monate (1. Mai bis 21. Oktober), erst seit 1929 werden Tourist-Tickets auch schon im April ausgegeben.

solchen, die vornehmlich als Ziel des Ausflugverkehrs betrachtet werden können, und anderen, die dafür weniger in Frage kommen. Daß nach Großstädten, wie London, Manchester und Liverpool keine Touristenfahrkarten erhältlich sind, versteht sich einigermaßen. Daß jedoch anderseits Städte wie Glasgow, Edinburgh, Swansea usw. in den „Tourist Programmes" der Eisenbahngesellschaften aufgeführt werden, während z. B. Oxford, Cambridge und Southampton (wenigstens für Fahrten von London aus) darin nicht zu finden sind, beweist, daß man in der Auswahl der „resorts" nicht sehr konsequent gewesen ist. Wenn nach gewissen Ausflugszielen keine Touristenfahrkarten erhältlich sind, so kommt dies z. T. allerdings daher, daß man Fahrten auf kürzere Entfernungen überhaupt von dieser Vergünstigung ausgeschlossen hat[1].

Die Sätze des Touristentarifs (die die Preise für Hin- und Rückfahrten darstellen) betragen das $1^5/_6$fache derjenigen des (einfachen) Normaltarifs. Graphisch aufgetragen, bildet demnach der Touristentarif eine dem Normaltarif parallel verlaufende Gerade. Im Vergleich zu den Normalrückfahrkarten sind die Touristenfahrkarten im Preis nur um 8,33 % ermäßigt. Ob dieses „nur" seine Berechtigung hat oder nicht, hängt zwar von verschiedenen Faktoren ab: einmal von der Höhe des Normaltarifs und dann vor allem auch von der Höhe und den Gültigkeitsbestimmungen der übrigen Tarife. Ein Vergleich der einzelnen Ausnahmetarife, die für die gleiche oder angrenzende Reisendenschicht in Frage kommen, kann natürlich an dieser Stelle noch nicht durchgeführt werden, dagegen wissen wir, daß die full fares, besonders für große Entfernungen, als hoch bezeichnet werden müssen. Von diesem Gesichtspunkt aus gesehen, ist die Preisermäßigung von 8,33 % als gering zu beurteilen[2]. Allerdings bietet das tourist ticket den Vorteil der un-

---

[1] Es scheint — wie aus den Propagandaschriften der einzelnen Gesellschaften hervorgeht —, daß man durch den Touristentarif hauptsächlich den Ausflugsverkehr auf große Entfernungen anregen will. Bisweilen wird sogar expressis verbis angeführt, daß der Mindestfahrpreis eines Tourist Ticket 15/- sh. (3. Kl.) und 25/- sh. (1. Kl.) betrage, so z. B. im „Programm" der North Eastern Area der LNER. Diese Mindestpreise entsprechen einer Entfernung von etwa 65 Meilen.

Nicht an allen Stationen sind übrigens Tourist Tickets erhältlich, z. B. bei der Southern nur an etwa 160, d. h. weniger als einem Viertel aller Stationen (sieht man von London und dessen Vororten ab), und — was noch eine größere Einschränkung bedeutet — als Touristenziele von ganz Großbritannien werden nur etwa 200 Stationen angeführt (Tourist Ticket Arrangemants, 1928).

[2] In Kürze sei hier auf die Tourist Tickets früherer Zeiten hingewiesen. Schon 1851 gab es solche für 1. und 2. Kl. Die ursprünglichen Fahrpreise betrugen das 1,5fache des einfachen Normaltarifs, wurden jedoch 1867 auf das 1,75fache erhöht. Drittklass-Touristenfahrkarten sind 1872 eingeführt worden. Im Jahr 1875 hat man den Touristentarif der 1. und 2. Kl. dem Normaltarif dieser Wagen-

beschränkten Fahrtunterbrechung, ein Recht, das dem, der die volle Taxe bezahlt, nur an wenigen Stationen zugestanden wird. Aus welchem Grunde dieser Unterschied gemacht wird, ist nicht begreiflich[1].

Viel Ähnlichkeit mit den Touristenfahrkarten haben die sog. tours oder circular tours, die ungefähr den kontinentalen Rundreisen entsprechen. In besonderen Broschüren werden diese in großer Verschiedenheit angekündigt. Es gibt auch Rundreisen, die mit See- und Automobilfahrten kombiniert sind. Die Preise für Circular Tours sind etwas niedriger als die der gewöhnlichen Touristenausflüge.

Der Umfang des Touristentarifs ist gering. Nur etwa 3 % der gesamten durchfahrenen Personenmeilen werden nach ihm bemessen (Monat Sept. 1927, für 1 Jahr ist die Quantität noch geringer, im Hochsommer wird sie etwas größer sein). Die durchschnittliche Reiselänge der Touristen beträgt allerdings mehr als 100 Meilen (Sept. 1927: 106,53 M.) oder siebenmal mehr als die aller Personenfahrten.

V. Der Tarif des week-end ticket.

Jedermann weiß, daß das „Week-end" bei den Engländern eine große Rolle spielt. Die Arbeitswoche schon am Freitagabend statt erst am Samstagnachmittag oder Samstagabend zu beendigen, ist in gewissen Bevölkerungskreisen eine häufige Erscheinung. Diese spiegelt sich natürlich auch im Personenverkehr wieder, indem die Bahnen am Freitag, Samstag und Montag in vermehrtem Maß benutzt werden, als wenn den Berufstätigen nur gerade der Sonntag zu Ausflügen und dergleichen zur Verfügung steht. Auf alle Fälle ist der Wechsel in der Nachfrage wesentlich größer. Diese Einsicht gibt uns die Erklärung für die besondere Tarifierung des Week-end-Verkehrs.

---

klassen gleichgesetzt. (Damals gab es noch Preisermäßigungen für gewöhnliche Hin- und Rückfahrten!) Der Drittklasstarif blieb auf der Höhe von 175 % des einfachen Normaltarifs. In der folgenden Zeit hat dieser Ausnahmetarif nur unbedeutende Veränderungen erfahren in den Jahren 1900 und 1911. Im April 1916 wurde er aufgehoben und erst 1922 wieder eingeführt. Damals wurden die Preise der Tourist-Tickets auf das 1,66fache der einfachen Normalfahrpreise festgesetzt, im folgenden Jahr fand eine Erhöhung auf das 1,83fache (=1⅚fache) statt.

Beim Vergleich dieser Preise ist zu berücksichtigen, daß die Gültigkeitsdauer der Touristenfahrkarten nicht immer die gleiche war. Ursprünglich betrug sie nur 10 Tage, wurde dann auf 3 Wochen ausgedehnt (1852), später wurde sie auf 1, dann auf 2, und schließlich (1916) auf 3 Monate festgesetzt. (Nach Pole und Milne l. c., S. 113.)

[1] Eine Ausnahme macht die Southern, indem auf ihrem Netz auch die Touristenfahrkarten nur an einer bestimmten Zahl von Stationen zu Fahrtunterbrechungen berechtigen (1928: 109 Stationen).

Man kann hierüber allerdings auch anderer Ansicht sein. Wenn schon eine größere Zahl von Personen gewohnt ist, Weekend zu feiern, so wird dies auch dann zu einer Frequenzsteigerung an den ersten und letzten Wochentagen führen, wenn den Weekendreisenden eine besondere Tarifermäßigung nicht gewährt wird. In der Tat: die Personenzuge weisen am Samstag und Montag selbst bei jenen Bahnen, die keinen Weekendverkehr im englischen Sinn zu bewältigen haben, eine höhere Frequenz auf als vom Dienstag bis Freitag. Aus diesem Grunde ist anzunehmen, daß der Personenzugverkehr auch in Großbritannien ohne den Ansporn eines besonderen Weekendtarifs am Anfang und Schluß der Woche eine den Durchschnitt übersteigende Frequenz erreichen würde, um so mehr, als am Sonntag verhältnismäßig wenig gereist wird[1]. Allem Anschein nach lohnt es sich aber doch, die Verkehrsmenge an den betreffenden Wochentagen durch einen ermäßigten Ausnahmetarif zu steigern, und zwar auf Grund folgender Erwägungen. Vorerst sei auf den Kraftwagenwettbewerb hingewiesen, der für Weekendreisen stärker ins Gewicht fällt als für den übrigen Verkehr. Er ist hauptsächlich die Ursache der neulich erfolgten Verlängerung der Gültigkeitsdauer des week-end ticket. In früheren Zeiten hat wohl mehr die Konkurrenz zwischen den einzelnen Bahngesellschaften auf die Preise der Weekendfahrten gedrückt. Sofern nämlich diese nicht den Besuch bestimmter Personen, sondern nur den Aufenthalt an einem Ausflugsort (es handelt sich vor allem um Seebäder) bezwecken, sind sie nicht an eine bestimmte Richtung gebunden, und dann ist ferner zu bedenken, daß eine Ortsveränderung überhaupt keine conditio sine qua non eines Weekendvergnügens ist.

Der Tarif des Week-end-Ticket läuft, wie der des Tourist-Ticket, parallel dem Normaltarif, seine Sätze stellen eine Ermäßigung von 33⅓ % gegenüber denen des Normalhin- und Rückfahrttarifs dar, oder mit anderen Worten: der Preis eines Week-end-Ticket beträgt $1^1/_3$ eines Ordinary-Ticket für die gleiche Fahrtstrecke[2].

---

[1] Dieser Ansicht ist auch ein Korrespondent der Times (28. August 1928, S. 8), der diesen Ausnahmetarif deshalb beanstandet, weil er „contrary to all trading principles“ sei. Er zwinge solche, die während der Woche reisen könnten, „Week-enders“ zu werden, und den Andrang, der am Schluß der Woche an den Stationen üblich ist, noch zu verschlimmern.

[2] Handelsreisenden wird eine Ermäßigung von 50 % gewährt (commercial traveller's weekend-tickets).

Mindestens so bedeutsam wie der Preis des Week-end-Ticket ist seine Gültigkeitsdauer. Hierüber sind seit dem 24. August 1928 folgende Bestimmungen in Anwendung:

Week-end Ticket sind gültig zur Hinfahrt:	Möglichkeit der entsprechenden Rückfahrt:
Freitags (von morgens 4 Uhr an)	Samstags, Sonntags, Montags, Dienstags
Samstags	„ „ „ „
Sonntags	„ „ „

Der höchste, zeitliche Gültigkeitsbereich dehnt sich demnach auf fünf Tage aus (Freitag bis Dienstag), der mindeste auf drei Tage (Sonntag bis Dienstag). Auffallend ist vor allem, daß die Rückfahrt schon am Samstag erfolgen kann, dadurch wird die verbilligte Weekendfahrt auch allen jenen Personen zugänglich gemacht, die am Ende der Woche eine Ortsveränderung zu rein geschäftlichen Zwecken vornehmen. Selbst wenn tatsächlich eine gewisse Nachfrage nach Ausflügen „über" den Freitag und Samstag (oder bloß den Sonntag) besteht, so scheint es uns, daß es zweckmäßiger gewesen wäre, von einer Ausdehnung des zeitlichen Gültigkeitsbereichs durch eine Ermöglichung der Rückfahrt am Samstag abzusehen. Anders verhält es sich mit der Möglichkeit, die Rückfahrt erst zu Beginn der folgenden Woche vorzunehmen, weil eben doch die Hinfahrt spätestens am Sonntag zu erfolgen hat. Im übrigen ist es natürlich äußerst schwierig, festzustellen, oder besser: zu vermuten, in welchem Maß eine Preisvergünstigung auch solchen Reisenden zugute kommt, die auch einen höheren Fahrpreis zu bezahlen gewillt gewesen wären.

Im Gegensatz zum Tourist-Ticket ist das Weekend-Ticket für nahezu alle Fahrstrecken erhältlich. Ganz ausgeschlossen sind nur Entfernungen von weniger als 15 Meilen[1].

Wenn wir im folgenden noch den Umfang des Weekendtarifs wiedergeben, so haben wir zu beachten, daß die hier angegebenen Gültigkeitsbestimmungen erst seit dem 24. August 1928 in Kraft sind. Vor diesem Zeitpunkt konnte die Hinfahrt jeweils frühestens um 12 Uhr Freitags und die Rückfahrt nur am Sonntag und Montag vorgenommen werden.

Die offizielle Statistik scheidet erstmals für das Jahr 1928 die Zahl der Weekendfahrten von der Summe der wichtigsten im Preise ermäßigten Vergnügungsfahrten aus. (Diese Summe erschien früher unter der Rubrik Passenger-Journeys at Excursion & Week-end-Fares.)

---

[1] Früher waren diese Fahrkarten nur für bestimmte Strecken erhältlich, und das Minimum betrug 30 Meilen. Jetzt sind sie überall sofort nach allen den Stationen erhältlich, nach denen durchgehende Fahrkarten ausgegeben werden, und nach allen anderen bei einer 48stündigen Vorausbestellung.

Quantitative Bedeutung des Weekendtarifs.

Tarifarten	Während des Jahrs 1928 ausgeführte Personenfahrten (absolut und in % der Gesamtfahrtenzahl exkl. der Fahrten mit Dauerkarten.)	
	absolut (Millionen)	%
Normaltarif (Full Fares)	191	24,3
Weekendtarif	17	2,2
Andere Ausnahmetarife (exkl. Dauerkarten)	577	73,5
Alle Tarife (exkl. Dauerkarten)	785	100,0

Hieraus ergibt sich, daß der Weekendtarif für die Größe des Verkehrs keine wesentliche Rolle spielt, was im Hinblick auf die beträchtliche Preisermäßigung von 33⅓ % nicht ganz logisch erscheint. Seit der Erweiterung des regionalen Gültigkeitsbereichs hat sich die Käuferschicht dieses Ausnahmetarifs auf etwa das Doppelte ihrer früheren Menge erweitert. Sie stieg z. B. bei der LMSR. von 1 % im Juli und 2 % im August auf 3 % im September und 4 % im Dezember 1928 (Besuchsfahrten!).

VI. Der Tarif der period excursions.

Die Deutsche Reichsbahn veranstaltet sogen. Feriensonderzüge, die vor allem den Zweck haben, die Normalzüge dann zu entlasten, wenn ihnen ein besonders starker Verkehr zuströmt, wie dies etwa zu Beginn der Ferien der Fall ist[1]. Auf solche Sonderzugfahrten wird in Deutschland eine Ermäßigung von 33⅓ % gegenüber dem Normalrückfahrpreis gewährt. Die Rückfahrt kann dabei in beliebigen Normalzügen stattfinden. Eine der deutschen sehr ähnliche Politik verfolgen die englischen Bahnen mit ihren period excursions. Auch sie gewähren eine Vergünstigung von 33⅓ % auf die Taxen des Normaltarifs. (Der Tarif der period excursions fällt deshalb mit dem des week-end-tickets zusammen[2]. Andererseits zwar unterscheidet sich die englische von der deutschen Praxis in zwei wesentlichen Punkten.

Die Hinfahrt erfolgt bei den englischen Bahnen vielfach in einem bestimmten Normalzug (und nicht in einem Sonderzug). Dies kommt daher, daß die Period Excursions in viel ausgedehnterem Maß organisiert werden als die deutschen Feriensonderzüge. Dem Engländer bietet sich Gelegenheit, bisweilen mehrmals wöchentlich einen Ferienausflug zu beginnen, die Deutsche Reichsbahn beförderte aber im Jahr 1925 insgesamt nur 474 Feriensonderzüge.

[1] Nach Knebel, Reichsbahnpersonentarife und ihre wirtschaftliche Bedeutung, Berlin 1926, S. 86.

[2] Siehe Abschnitt V dieses Kapitels.

Demgegenüber wird die Rückfahrt in Großbritannien origineller Weise auf einen einzigen Zug (Normal- oder Sonderzug) beschränkt. Wer auch immer ein period-excursion-ticket löst, hat nach einer gewissen Periode zu einer ganz bestimmten Zeit seine Rückkehr anzutreten. Diese Perioden sind sehr verschieden lang, sie dauern meistens entweder 8 oder 15, bisweilen auch 2, 3, 5, 7 oder 12 Tage. Die Fristen sind nach den Verkehrsgebieten und der Geltungsdauer ungleich. In manchen Fällen sind die Bedingungen tatsächlich die, daß die Rückfahrt nach Belieben am 8. oder 15. Tage vorgenommen werden kann, aber diese Alternative ist einem Feriengast nicht von großem Nutzen. Die period excursions sind begreiflicherweise schon des öfteren kritisiert worden, so in einem Brief an die Times[1], wo es u. a. heißt: „the eight or fifteen day eccentricity, which, though it involves a reduction in the fare, compels passengers to return on the eigth or fifteenth day after the issue of the ticket. The effect of this cast-iron condition is, that persons, whose holidays may not be exactly of the stipulated lenght, are left out in the cold". Warum sich die englischen Bahnen zu dieser sonderbaren Rückfahrtbeschränkung verstiegen haben, ist nicht ohne weiteres klar. Wahrscheinlich wollen sie eine Überfüllung gewisser Normalzüge vermeiden und zwingen aus diesem Grunde den Käufer einer period excursion, in einem Sonderzug oder einem schlecht benutzten Normalzug zurückzureisen. Im Zeitalter der Automobilkonkurrenz sind derartige „cast-iron conditions" nicht gerade dazu geeignet, um die Gunst des Publikums zu werben, und sie sollten deshalb in der Weise abgeschwächt werden, daß die Rückfahrt innerhalb zwei Wochen an einem beliebigen Zeitpunkt gestattet wird.[2]

Während früher (d. h. vor 2—3 Jahren) die period excursions, ähnlich wie die Feriensonderzüge in Deutschland, auf ganz bestimmte Daten, die meist auf einen Freitag (event. auch Samstag oder Montag) fielen, festgesetzt worden sind, ist man seit einiger Zeit zu einer ganz wesentlichen Uniformierung übergegangen. Seit Anfang 1929 gibt es zwei Arten von period excursions (in Anwendung bei allen vier Gesellschaften):

---

[1] The Times, 28. August 1928, S. 8, teilweise abgedruckt in Modern Transport, 1. September 1928, S. 1.

[2] Man hat vielleicht diese Fahrkarten aus dem Grunde bisher beibehalten, weil sie, wie Brown, The Future of the Railways, S. 57, zu wissen glaubt, gewinnbringend (profitable) seien (eine Behauptung, die wohl kaum bewiesen werden kann), oder weil durch eine Ausdehnung der Gültigkeitsdauer im oben erwähnten Sinn der week-end-Tarif belanglos würde (außer man erniedrigere dessen Sätze).

1. „m i d - w e e k - p e r i o d - e x c u r s i o n s“[1]

Hinfahrtmöglichkeiten:	Rückfahrtmöglichkeiten:
a. jeden Dienstag	am nächsten oder übernächsten Dienstag
(in irgendeinem Zug nach 4 Uhr vormittags)	(in irgendeinem Zug)
b. jeden Mittwoch	am nächsten oder übernächsten Mittwoch
(in irgendeinem Zug)	(in irgendeinem Zug)

Diese Fahrkarten sind erhältlich für Fahrten zwischen irgendwelchen zwei Stationen innerhalb Großbritanniens.

2. „e n d o f w e e k - p e r i o d - e x c u r s i o n s“[1]

Hinfahrtmöglichkeiten:	Rückfahrtmöglichkeiten:
a. an Freitagen	am nächsten oder übernächsten Freitag
b. „ Samstagen	am nächsten oder übernächsten Samstag
c. „ Montagen (nur 3. Kl.)	am nächsten oder übernächsten Freitag oder einem anderen Wochentag.

Für diese zweite Art von period excursion kommen in jedem Fall — sowohl zur Hin- als auch zur Rückfahrt — nur einzelne bestimmte Sonder- oder Normalzüge in Betracht.

Diese zwei Arten unterscheiden sich vor allem dadurch, daß im ersten Fall die betreffende Fahrkarte in irgendeinem Zug gültig und für alle Strecken während jeder Woche erhältlich ist. Die end of week-period excursions stellen einfach eine Weiterführung des alten Systems dar, die erste Art von Ferienausflügen ist dagegen insofern als lobenswerte Neuerung zu beurteilen, als der Geltungsbereich zeitlich standardisiert und auf das gesamte englische Eisenbahnnetz ausgedehnt worden ist. Festzuhalten aber ist, daß auch heute noch die Rückfahrt nur an 2 (oder 3) bestimmten Tagen gestattet ist, weshalb die oben angeführte Kritik immer noch ihre Berechtigung hat. Der Tarif ist für

[1] Diese Angaben wurden entnommen den Propagandabroschüren: LMS. cheap fares, GWR.: Reduced fares, LNER.: Programm of tours usw., Ausgaben von 1929.

beide Arten von period excursion der gleiche (Ermäßigung um 33⅓ % gegenüber dem Normalrückfahrttarif[1].

Auf Grund der bisherigen Ausführungen ist ziemlich deutlich erkennbar, welche Bedeutung den period excursions etwa beizumessen ist. Nähere Angaben sind uns betreffs der Zahl der veranstalteten Ferienausflüge nicht bekannt. Dagegen scheidet die monatliche Eisenbahnstatistik seit dem Jahr 1928 die Summe der zu period excursion-tickets beförderten Personen aus. Es dürfte interessant sein, zu vernehmen, eine wie große Abnehmerzahl diese sonderbare Fahrkarte der englischen Bahnen gefunden hat. Brown bemerkt hierzu, daß es wohl kaum eine Einrichtung gebe, die weniger geeignet sei, den Verkehr zu fördern, als die period excursions[2].

Reisen mit Period Excursion-Tickets im Jahr 1928[3]

Monat	LMSR. (Höchstzahl)		SOUTHERN. (Mindestzahl)	
	absolut	in % aller Reisen (ausschl. Dauerkarten)	absolut	in % aller Reisen (ausschl. Dauerkarten)
Januar	24 000	0	2 000	0
Februar (Mindestz.)	2 000	0	1 000	0
Juli	1 116 000	4	86 000	0
August (Höchstz.)	1 237 000	4	129 000	1
November	10 000	0	4 000	0
Dezember	236 000	1	50 000	0

Die Abnehmerzahl dieser Fahrkarte ist, wie man sieht, verhältnismäßig sehr gering, was in Anbetracht der wenigen Rückfahrtmöglichkeiten kaum überrascht. Seit der Einführung der mid-week period-excursions (Anfang 1929) dürfte sich füglich die Anzahl des period-

[1] Trotz der durchgeführten Uniformierung gibt es auch heute noch eine Reihe von Variationen. Nicht selten findet nämlich eine Kombination mit den Day- & Half-Day Excursions statt, indem die Hinfahrt in den hierfür bestimmten Sonderzügen auszuführen ist. Die Rückfahrt kann dann nicht erst in einer Woche, sondern — abgesehen von der Tagesrückfahrt — schon am 3. und 4. oder 3. und 5. Tag (in einem bestimmten Zug) vorgenommen werden. (Nach Day Excursion & . . . ., 29. April bis 7. Juli 1929, LNER. Nr. 3109.) Diese Bestimmungen bedeuten eine Annäherung an das System der beliebigen Rückfahrtmöglichkeiten (welches dem englischen System vorzuziehen), aber sie sind in ihrer Gesamtheit viel zu kompliziert. Period Excursions können auch von Reisebüros veranstaltet werden, so z. B. von Cook auf der Southern und der LMSR.

[2] Brown, l. c. S. 57.

[3] Nach der offiziellen Monatstatistik. Die absoluten und relativen Zahlen sind abgerundet.

excursion-Tarifs nahezu verdoppelt haben. Die vorstehenden Zahlen bringen auch zur Darstellung, wie stark die Saisonschwankungen gewisser Schichten des Personenverkehrs in Großbritannien sind. Es ist allerdings zu berücksichtigen, daß die Frequenz nicht nur durch die Nachfrage nach Ferienausflügen, sondern auch durch die Zahl der dazu gebotenen Reisemöglichkeiten bestimmt wird.

VII. Der Tagesrückfahrttarif (cheap day tickets).

Hier handelt es sich um einen äußerst merkwürdigen Ausnahmetarif, der zugleich ein äußerst mannigfaches Anwendungsgebiet aufweist. Er ist noch nicht sehr lange in Kraft, nimmt jedoch an Ausmaß fortwährend zu. Im Grunde genommen, umfaßt er eine Reihe von formell verschiedenen Tarifen. Wenn wir diese hier zusammenfassen, so weniger deshalb, weil alle diese Ausnahmetarife die gleichen Sätze aufweisen, sondern weil alle diese Fahrkarten einheitlich nur für eine Hin- und Rückfahrt in Normalzügen an einem und demselben Tag berechtigen. Es bestimmt demnach der Tagesrückfahrttarif die Preise für Ortsveränderungen, die von einer Station A nach einer Station B und am gleichen Tag wieder zurück von B nach A ausgeführt werden.

Die Sätze dieses Ausnahmetarifs sind gleich denen des (einfachen) Normaltarifs, oder deutlicher: eine Tagesrückfahrtkarte ist im Preis gegenüber der Normalrückfahrtkarte um 50 % ermäßigt. Zweifelsohne ein sehr einfaches Preisverhältnis!

Weniger einfach sind hingegen die Bestimmungen über den zeitlichen Geltungsbereich: sie weisen nämlich sogar innerhalb einzelner Netze (areas) wesentliche Unterschiede auf. Es hat dies seinen Grund vor allem in der Zweckbestimmung der Tagesrückfahrtkarte. Sie ist — wie sozusagen jeder Ausnahmetarif — dazu geschaffen worden, den Verkehr zu heben („to attract new passengers", wie der Engländer sich ausdrückt), sie soll aber auch dem stets gefährlicher werdenden Rivalen, dem Auto, einen Riegel vorschieben, möglicherweise sogar einen Teil des von diesem gekaperten Verkehrs (besonders des Lokalverkehrs) wieder zurückerobern. Um jedoch eine Abnahme der ohnehin schon geringen Zahl von Normalkäufern zu verhindern, und um die Frequenz der Züge (oder die Belastung der Anlagen) zu gewissen Zeiten, den sog. „Rush Hours", nicht weiter zu steigern, wurde die Gültigkeit der Tagesrückfahrtkarte auf gewisse Areas und manchmal innerhalb dieser auf gewisse Strecken und auf einzelne Wochentage beschränkt. Vielfach tritt an Stelle dieser zeitlichen Begrenzung oder wird mit ihr kombiniert eine Begrenzung auf gewisse Tageszeiten. Besonders während der Vormittagstunden vor 9, 9½ oder 10 Uhr, weniger häufig des Abends, sind diese zum halben Preis käuflichen Fahrkarten vielfach nicht gültig. Auf gewissen Linien sind sie nur für einen oder mehrere Normalzüge erhältlich. Es fällt natürlich schwer, ein richtiges Durchschnittsbild zu geben, um so mehr, als die näheren Bestimmungen fortwährend — allerdings einheitlich im Sinn einer Ausdehnung des Gültigkeitsbereichs — verändert werden.

Um dennoch etwas tiefer in diese Materie einzuführen, fügen wir im folgenden eine Beschreibung einiger wichtiger Beispiele hinzu:

1. Southern Railway: Cheap tickets to London from Suburban Stations (Verkehr von den Vororten nach London und wieder zurück). Die Tagesrückfahrkarten sind gültig zur Hinfahrt von 10,00 bis 16,30 Uhr und zur Rückfahrt in allen Normalzügen an allen Werktagen. An Sonntagen besteht auch für die Hinfahrt keine zeitliche Beschränkung[1]. Es handelt sich hier um die sog. midday-fares, die schon im Zusammenhang mit der Darstellung der Dauerkartentarife erwähnt worden sind. Sie sollen hauptsächlich eine bessere Ausnutzung des für die Bewältigung des Stoßverkehrs notwendigen Rollmaterials ermöglichen. Sie sind erhältlich an nahezu allen Vorortstationen, die nicht weiter als etwa 30 km vom Zentrum Londons entfernt sind.

2. Vorortsnetz Londons der Great Northern Section der LNER. Cheap day return tickets lautet hier der Titel eines 16seitigen Prospekts, der die Preise und die Gültigkeitsbestimmungen der Tagesrückfahrkarten enthält. Im Gegensatz zum ersten Beispiel besteht eine zeitliche Beschränkung nur für die Hinfahrt, und zwar nur insoweit, als sie von den London am nächsten gelegenen Vororten an Werktagen erst von 9,30 Uhr an ausgeführt werden kann. Diese zeitliche Begrenzung betrifft jedoch nur Fahrten, die sich bis zu den Stadtbahnhöfen Kings Cross und Finsbury Park erstrecken und nicht solche zwischen einzelnen Vororten[2]. Auf der Great Eastern Section der LNER.

[1] Die Rückfahrt kann von irgend einem der sieben Southern-Kopfbahnhöfe Londons angetreten und an irgendeinem Vorort, an dem Tagesrückfahrkarten erhältlich sind, gegen Bezahlung der Taxdifferenz beendigt werden. Diese Konzession wird dem, der die volle Taxe bezahlt, u. W. nicht gewährt. — Dieses Beispiel wurde entnommen dem Programm Nr. C, X $18/\frac{100}{10128}$, Ausgabe vom Februar 1928.

[2] Bei der Southern bezieht sich die Preisvergünstigung nur für Fahrten nach den Kopfbahnhöfen ihres Netzes und nicht auch für solche zwischen den Vororten wie bei der LNER. Diese veröffentlicht übrigens auf dem Umschlag ihres, diese Fahrkarten betreffenden Prospekts (Nr. 1754) einen Situationsplan der Linien, auf denen die cheap day return tickets gültig sind. Es sind darauf 59 Stationen eingezeichnet. Vgl. auch die Railway Gazette, 5. Oktober 1928, S. 640 und 16. November 1928, S. 438.

(Vorortlinien nach der Liverpool Street Station) sind die Tagesrückfahrkarten von Montag bis Freitag zwischen 17 und 18 Uhr zur Rückfahrt nicht gültig, weil der Ansturm zu den Zügen während dieser Zeit (Geschäftschluß) ohnehin schon groß ist. Wenn auch diese territoriale Unterscheidung (in bezug auf die Möglichkeit der Rückfahrt) als unnötige Komplizierung zu beurteilen ist, so ist anderseits darin ein Fortschritt zu erblicken, daß — im Gegensatz zu der sonst üblichen englischen Tarifpolitik — die Tagesrückfahrkarte ausdrücklich für einen ganz bestimmten Teil des Eisenbahnnetzes als gültig erklärt wird. Dadurch wird dem Publikum besser gedient, als wenn nur katalogartig die Stationen aufgezählt werden, von denen aus nach einer Anzahl anderer Stationen ein gewisser Ausnahmetarif in Anwendung kommt.

3. Was am vorigen Beispiel gerühmt worden ist, trifft auch zu für die Newcastle electrified Area der LNER. Seit dem 1. August 1928 werden hier zwischen nahezu allen Stationen Tagesrückfahrkarten ausgegeben, und zwar ohne irgendwelche zeitliche Beschränkung. In irgendeinem Normalzug sind die „Tickets at single fare for return journey“ gültig. Es wird hier ausdrücklich bekanntgegeben, daß die Tagesrückfahrkarten im Preis um 50 % gegenüber den Normalrückfahrkarten ermäßigt sind, während andererorts (z. B. in den zwei vorigen Beispielen) vom Verhältnis der Preisermäßigung zu den full fares nichts erwähnt wird. Wahrscheinlich deshalb nicht, um den noch verbleibenden Käufer des Ordinary Return Ticket nicht wissen zu lassen, wieviel billiger er unter gewissen Bedingungen fahren könnte. In diesem kleinen Netzteil der LNER. handelt es sich weniger um eine gute Ausnutzung des für die „Rush Hours“ notwendigen Rollmaterials als um die Bekämpfung der Automobilkonkurrenz und überhaupt um eine Hebung des Verkehrs (Gesetz der Massennutzung, vgl. 1. Kapitel, 2. Abschnitt).

4. Cheap Day Tickets bei der Southern auf größere Entfernungen[1]. Seit dem 24. September 1928 werden von Brighton und den angrenzenden Ortschaften auf Entfernungen bis zu etwa 150 Streckenkilometern (= etwa 95 M.) an gewissen Wochentagen Tagesrückfahrkarten ausgegeben, die jeweils nur in einer beschränkten Zahl von Normalzügen gültig sind. Von Brighton selbst betrifft diese Preisvergünstigung Fahrten nach 68 Stationen des Southern-Netzes. Nach welchen Grundsätzen diese festgesetzt worden sind, geht aus dem entsprechenden Programm nicht hervor. Es befinden sich darunter typische Ausflugsziele, aber auch Orte von ganz anderem Charakter sind darin aufgeführt, u. a.

---

[1] Nach Prospekt Nr. C. X. 4234/ $\frac{10}{101\,128}$ Sept. 1928.

auch London. Dahin gelten Tagesrückfahrkarten am Mittwoch (und zwar in elf Zügen mit Abfahrtzeiten von 9,20 bis 17,05 Uhr) und am Donnerstag (aber nur in sechs Zügen in der Zeit von 12,05 bis 17,05 Uhr), sowie in zwei Mittagszügen an Samstagen vom 6. Oktober 1928 bis 30. März 1929. Größtenteils handelt es sich hier um Schnellzüge und nicht etwa um wenig beliebte Langsamzüge, wie der kontinentale Eisenbahnfachmann vermuten würde. Wir haben die Bestimmungen über die Fahrten nach London vorweggenommen, weil sie eine Besonderheit darstellen. Nach fast allen übrigen Stationen werden cheap day tickets an allen Tagen ausgegeben, sie sind aber im allgemeinen nur in wenigen Zügen gültig. Nicht selten stehen für die Hinfahrt nur zwei Fahrgelegenheiten am frühen Vormittag zur Verfügung. Die Rückfahrt kann in jedem Fall in allen Zügen des gleichen Tags vorgenommen werden. Die Hauptursache für die Einführung der Tagesrückfahrkarte ist auch bei diesem Beispiel die Automobilkonkurrenz, besonders auf der Strecke von Brighton nach London und zurück. Ist doch diese zu gewissen Zeiten geradezu zum Tummelplatz vieler Autobetriebsgesellschaften geworden, die sich gegenseitig im Preis sehr stark unterboten haben Wenn durch die Preisverschiebungen zugleich eine Frequenzverteilung bewirkt wird — indem eben die Gültigkeit der Cheap Day Tickets auf einzelne Züge beschränkt wird —, so kann dies für die Ökonomik des Betriebs sehr vorteilhaft sein[1].

5. Auch in Schottland lockt man seit einiger Zeit das Publikum zum Kaufen von Verkehrsleistungen, indem man ihm diese zum halben oder zu einem noch niedrigeren Preis anbietet. Und zwar betrifft es auch

---

[1] Warum gerade nach London die Tagesrückfahrkarte nur an 2 bis 3, nach 67 anderen Stationen des Southern-Netzes jedoch an allen Tagen der Woche gültig ist, kann möglicherweise auf gewisse betriebsökonomische oder betriebstechnische Zusammenhänge zurückgeführt werden, scheint uns aber trotzdem eine verfehlte Politik zu sein. Ist etwa die Automobilkonkurrenz für Fahrten nach London heftiger am Mittwoch als am Dienstag? Prägt sich das Publikum eine Preisvergünstigung etwa eher ein, wenn sie in möglichst komplizierter Form dargeboten wird?

Nachträgliche Anmerkung. Neuerdings hat die Southern den zeitlichen, sowie den geographischen Geltungsbereich des Tagesrückfahrtarifs stark ausgedehnt. Versuchsweise wurde derselbe für alle Fahrten zwischen London und den Küstenstationen der Southern, sofern dieselben nach 11 Uhr begonnen werden, ausgedehnt. Gültig ist diese Preisermäßigung, die als den „biggest cheap ticket scheme the company has ever undertaken“ bezeichnet wird, an allen Wochentagen, ausgenommen Samstags und Sonntags und in nahezu allen Zügen. Diese Vergünstigung wird auch für Fahrten gewährt, die an 180 Londoner Vorortstationen begonnen werden. (The Times, 23. September 1929.)

hier nicht nur Vergnügungsfahrten oder solche des Vorortverkehrs, sondern sozusagen alle Verkehrsgattungen, die nicht durch andere Ausnahmetarife begünstigt werden.

Ähnlich liegen die Verhältnisse zwischen Glasgow und Edinburgh. Jeden Mittwoch und Samstag werden in Edinburgh Tagesrückfahrkarten nach Glasgow zum halben Preis der Normalrückfahrkarten ausgegeben, und zwar mit Gültigkeit in allen Normalzügen. Die gleiche Preisermäßigung wird auch für Fahrten von Glasgow aus nach Edinburgh (sowie nach weiteren zwölf größeren Orten in ungefähr gleicher Entfernung) — und zwar am Dienstag und Samstag — gewährt[1]. Betriebstechnisch ist es natürlich vorteilhaft, einer Verkehrsteigerung A—B—A[2] eine solche von B—A—B gegenüberzustellen, sofern — wie dies in unserem Fall zutrifft — der Teil A—B des Verkehrs A—B—A die beweglichen und festen Betriebsmittel (Rollmaterial!) zu einer anderen Zeit beansprucht als der Teil A—B des Verkehrs B—A—B. Auf diese Weise kann ein Einnahmeausfall als Folge einer Tarifsenkung durch eine Rationalisierung des Betriebs wenigstens teilweise wettgemacht werden. Um so unverständlicher ist es deshalb, wenn die LMSR. diesen Vorteil nur an einem der zwei Wochentage (Samstags) ausnutzt und Fahrten von Glasgow nach Edinburgh und zurück außerdem am Dienstag, solche in umgekehrter Richtung dagegen am Mittwoch begünstigt.

Auch hier ist es vor allem die Autokonkurrenz, die die Bahnunternehmung veranlaßt hat, die billige Tagesrückfahrkarte einzuführen. Zwischen Edinburgh und Glasgow verkehren in jeder Richtung täglich mehr als 30 Autokurse (halbstündiger Betrieb) mit einem Rückfahrpreis von sh. 4/4, während die Bahn für ihre Tagesrückfahrkarte sh. 5/— erhebt[3].

---

[1] Entnommen aus der Broschüre: LMS cheap fares, Glasgow, März 1929, Ausgaben: MR —6/3/29—3b und VZ —15/3/29—3b. Diese Propagandaheftchen enthalten alle für die LMSR geltenden wichtigsten Ausnahmetarifbestimmungen, in den einzelnen Lokalausgaben werden zudem auf einem Anhängeblatt die betreffenden Lokalbegünstigungen angeführt. Das Ganze stellt einen Fortschritt gegenüber früher dar, indem der Reisende nicht mehr genötigt ist, sich eine Sammlung von unzähligen Zetteln anzulegen, um über die wichtigsten Ausnahmetarife orientiert zu sein.

[2] A und B sind als Endpunkte (wie z. B. Glasgow und Edinburgh) einer bestimmten Eisenbahnstrecke gedacht.

[3] Official Long-Distance Motor Coach Time Table, May, 1929, S. 27. Scottish Motor Traction Co. Ltd. Möglicherweise haben andere Autogesellschaften noch niedrigere Tarife.

6. Da wir uns schon in Schottland befinden, seien hier auch die Cheap Day and Afternoon Fares from Glasgow, all the Year round erwähnt. Nach nahezu 300 wenig oder weiter entfernten Stationen des LMSR-Systems werden täglich Tagesrückfahrtkarten ausgegeben[1]. Eine bedeutsame Ausbreitung des Tagesrückfahrtarifs! Aber nicht nur aus diesem Grund wird dieses Beispiel hier angeführt, sondern weil dabei auf eine interessante Variante hingewiesen werden kann: die afternoon fares. Für etwa die Hälfte der 300 Stationen wird an Samstagen von 12 Uhr an für Tagesrückfahrkarten eine besonders starke Preisermäßigung gewährt. Sie ist nicht durchweg die gleiche, beträgt aber durchschnittlich etwa 65 % des Normalrückfahrtarifs. Sein Zweck ist wahrscheinlich die Ausnutzung der besonders großen Schwankungen in der Nachfrage an Samstagnachmittagen, zu welcher Zeit der berufsmäßige Verkehr (in Großbritannien) zudem schwächer ist als an anderen Tagen, woraus sich eine bessere Ausnutzung der Betriebsmittel ergibt. Statt nur am Samstagnachmittag wird die besondere Ermäßigung zum Teil (d. h. nach 19 von den 300 Stationen) den ganzen Dienstag und Samstag gewährt[2].

Hier ist man tatsächlich an der Grenze des Möglichen angelangt, oder wird in absehbarer Zeit für jede einzelne Stunde je nach der Frequenz der Züge und der Heftigkeit der Automobilkonkurrenz ein besonderer Tarifsatz erhoben werden? Ein Urteil über die Personentarifpolitik der englischen Bahnen soll erst nach Kenntnisnahme aller Tarife gefällt werden! Was speziell die obigen Variationen anbetrifft, so sei an dieser Stelle nur soviel gesagt, daß — selbst wenn es theoretisch der einzige Ausweg ist, sich den Schwankungen in der Nachfrage anzupassen und die Angriffe des Autos je nach Umständen abzuwehren — es praktisch nicht endgültig durchführbar ist. Von einem gewissen Endpunkt an lohnt sich eine derartige Politik überhaupt nicht mehr: das Publikum wird zum Kaufen nicht mehr angeregt, sondern davon abgeschreckt.

7. Die bisher erwähnten Fälle haben uns die Anwendung des Tagesrückfahrtarifs im Vorort- sowie im eigentlichen Normalverkehr gezeigt. Hier wie dort wird einer gewissen Nachfrage nach Reisen produktiver als auch solcher konsumtiver Art entsprochen. Im folgenden sollen noch jene cheap tickets erwähnt werden, die ausgesprochen für Fahrten konsumtiver Art bestimmt sind.

---

[1] LMS = cheap fares, 1929, VZ—15/3/29—3b.

[2] Diese Zusatzermäßigung ist durchschnittlich geringer als die quantitativ bedeutendere Samstagnachmittagsermäßigung.

a) Great Western, von London (Paddington Station) nach 55 Ausflugszielen in der näheren und weiteren Umgebung Londons. Gültigkeit der Tagesrückfahrkarten:

1. nach 24 Stationen:	täglich, und zwar davon
„ 20 „	in jedem Normalzug bis 15 Uhr[1],
„ 4 „	in jedem Normalzug bis 18,30 Uhr;
2. „ 10 „	jeden Donnerstag, Samstag und Sonntag, und zwar in jedem Normalzug bis 15 Uhr;
3. „ 3 „	jeden Donnerstag und Samstag, und zwar in jedem Normalzug bis 15 Uhr;
4. „ 9 „	jeden Sonntag, jedoch nur in einem Zug[2].

b) LNER. Day excursions von den drei Londoner Kopfbahnhöfen und den Vororten[3]. Hiervon seien folgende Fälle herausgegriffen:

	Möglichkeit der Hinfahrt	
	Tage	Tageszeiten
1. von Liverp. Str. nach 5 Stationen	Montag-Freitag	von $9{,}00^h$ an, ausgen. in 6 Zügen zwischen 16,15 und $18{,}30^h$.
	Samstags	von $9{,}00^h$ an, ausgen. in 6 Zügen zwischen 12,40 und $17{,}10^h$.
	Sonntags	von $9{,}25^h$ an, jedoch nur nach 3 Ausflugszielen.
2. von Liverp. Str. nach 4 Stationen	Samstags und Sonntags	ohne Einschränkung.
3. von Liverp. Str. nach 6 Stationen	Täglich	Werktags von $9{,}00^h$ an, Sonntags ohne Einschränkung.
4. von King's Cross nach Letchworth	Donnerstags und Samstags	von $10{,}00^h$ an,
	Sonntags	ohne Einschränkung.
5. von Marylebone ins Aylesburytal	Donnerstags und Samstags	von $9{,}30^h$ an bis 16.00^h,
	Sonntags	ohne Einschränkung bis $16{,}00^h$.

[1] Die Rückfahrt kann durch jeden beliebigen Zug vorgenommen werden.

[2] Ausgabe: Juli 1928 (L.D. 587), übereinstimmend mit derjenigen vom September 1927 (L.D. 552).

[3] Prospekt Nr. 3556, gültig vom 1. November bis 30. April 1929.

Im Fall 1 bis 4 werden Tagesrückfahrkarten auch von den Vororten ausgegeben.

Wir haben dieses Beispiel etwas ausführlicher wiedergegeben, um zu zeigen, wie vielgestaltig die Gültigkeitsbestimmungen für den Ausflugsverkehr im Gebiet einer einzigen Gesellschaft sind.

c) Southern: „Go as you please! New Cheap Tickets for Rambles and Outings in the Country"[1]. Hier sind die Bestimmungen einheitlich für alle lokaleren Ausflugsziele Londons festgesetzt worden.

Möglichkeit der Hinfahrt:

	Tage:	Tageszeiten:
von den Kopfbahnhöfen der Southern:	Werktags	in allen Normalzügen zwischen $8_{,00}$ und $18_{,00}$ Uhr,
	Sonntags	in allen Zügen, sofern die Rückfahrt am gleichen Tag möglich ist.

Nach weit entfernten Ausflugszielen (höchstens 45 M. von London) ist die Ausgabe von Tagesrückfahrkarten auf den Samstag und Sonntag beschränkt.

d) Während der Sommermonate zwischen den Seebädern der Ostküste von Yorkshire (L N E R).

Ausgabetage: Montag bis Freitag und in gewissen Fällen auch der Sonntag. Hin- und Rückfahrt können meistens mit beliebigen Zügen vorgenommen werden[2].

e) Von London nach dem Bade- und Vorort Southend-on-Sea. Dieses Beispiel bietet deshalb ein besonderes Interesse, weil sich hier der Verkehr auf zwei Gesellschaften, die LMSR. und die L N E R verteilt. Daß zwischen den englischen Bahnen keine Tarifkonkurrenz mehr besteht, ist früher schon dargelegt worden. Wahrscheinlich haben beide Gesellschaften die Tagesrückfahrkarte nach Southend zugleich eingeführt. Inwieweit seit diesem Zeitpunkt gewisse Anzeichen von Tarif- oder Leistungskonkurrenz festzustellen waren, wissen wir nicht. Dagegen haben wir zu untersuchen, ob gegenwärtig beide Gesellschaften die gleichen Anstrengungen machen, diesen „Vergnügungsver-

---

[1] Prospekt Nr. C. X. $2523/\frac{50}{20628}$, Juni 1928.

[2] Nach einem Prospekt, ausgegeben: York, April 1928.

kehr"[1] zu steigern, oder ob sie sich etwa verschieden verhalten. Auf beiden Linien sind die Tagesrückfahrkarten (zu Anfang des Jahres 1929) zur Hinfahrt nur in einigen bestimmten Normalzügen gültig und zwar bei der

LMSR.	(v. Fenchurch Str. Stat.)	in 12 Zügen von 5,02 bis 14,30 Uhr,
LNER.	(v. St. Pancras Stat.)	in 10 Zügen von 5,10 bis 14,25 Uhr.

Also bei beiden Gesellschaften sozusagen die gleichen Reisemöglichkeiten! Aber diese Gleichheit besteht nur für vier Wochentage. Während nämlich die LMSR. Cheap Day Tickets an allen Tagen ausgibt, beschränkt die LNER. diese Begünstigung auf vier Tage (Montag, Donnerstag, Samstag u. Sonntag). Man glaubt vielleicht, diesem Unterschied auf den ersten Blick keine Bedeutung beimessen zu müssen. Bedenkt man jedoch, daß an drei Tagen jedermann, der bei der LNER. eine Tagesrückfahrt von London nach Southend kauft (in der Zeit von $5{,}_{00}$ bis $14{,}_{30}$ Uhr), den doppelten Betrag (sh. 7/— statt sh. 3/6) zu zahlen hat, als wenn er sich an die LMSR. „wendet", so versteht man, weshalb wir diesen Fall besonders hervorgehoben haben[2].

Aus welchem Grunde die LNER. während einer gewissen (flauen) Zeit freiwillig einen bestimmten Verkehrsteil der LMSR. überläßt (etwa um an Betriebsausgaben zu sparen?), ist uns nicht bekannt. Während des Sommers gibt übrigens die LNER. ebenfalls täglich Tagesrückfahrkarten aus. Dann herrscht demnach vollkommene Gleichheit bei den zwei Gesellschaften. Daß diese nicht für das ganze Jahr zutrifft, kann wohl kaum auf eine eigentliche Konkurrenz, dagegen auf eine gewisse Rivalität zurückgeführt werden. In Anbetracht der heutigen Autokonkurrenz wäre es für die Bahnen vorteilhafter, alle Differenzen dieser Art zu beseitigen und nicht gleichzeitig für gleiche Leistungen auf der einen von zwei parallel verlaufenden Linien die doppelten Fahrpreise zu erheben als auf der andern.

Zusammenfassend sei nochmals daran erinnert, daß wir nur eine Auswahl der Anwendungsgebiete des cheap day ticket vorgelegt

---

[1] In Anführungszeichen gesetzt, denn es ist klar, daß — selbst im Winter — der übrige Verkehr von einer Stadt wie London nach einem Badeort mit einer großen Bevölkerung (106 000 i. J. 1921) ganz bedeutend ist. Wir stützen unsere Betrachtungen auf das Excursion Programm der LNER. (1. November 1928 bis 30. April 1929, Nr. 3556) und das Pamphlet L. 92 ◇ der LMSR, Ausgabe: Januar 1929.

[2] Es ist allerdings zu berücksichtigen, daß die zwei Gesellschaften nicht das genau gleiche Einzugsgebiet aufweisen und außer Southend noch andere Stationen in dessen Umgebung bedienen, nach denen ebenfalls Tagesrückfahrtkarten ausgegeben werden.

haben. Eine Darstellung aller Fälle hätte eine Wiederholung analoger Beispiele zur Folge und gäbe trotzdem kein vollständiges Bild von der quantitativen Bedeutung dieses Ausnahmetarifs. Weder die entsprechende Zahl der Personen-M. noch die der Personenfahrten wird von der offiziellen Statistik ausgeschieden. (Letztere enthält zwar neuerdings die Reisendenzahl der day- u. half-day-excursions, aber in dieser sind auch die in Sonderzügen beförderten Personen inbegriffen.) Es steht jedoch außer Zweifel, daß heute dem Tagesrückfahrtarif — abgesehen vom Arbeitertarif und den Dauerkartentarifen — die quantitativ größte Bedeutung aller Ausnahmetarife beizumessen ist.

VIII. Die Tarife der day- und der half-day excursions.

(Sonderzugtarife).

„The function of the excursion service is to induce persons to travel, who would otherwise stay at home“[1]. Diesen psychologischen Trick kennen die englischen Bahnen schon seit langem, haben ihn aber wahrscheinlich noch nie derart ausgebeutet wie gerade seit einigen Jahren. Folgende Zahlen belegen diese Feststellung:

Zahl der Sonderzüge zu Halbtagsausflügen (dazu kommen noch eine große Zahl von Tagesausflügen) und die dabei beförderte Personenzahl:

	Züge:	Personen:
LNER. im Jahr 1927[2]	3489	1 250 000
LMSR. „ „ 1927[3]	3444	1 300 000
LNER. „ „ 1928[4]	4926	1 810 000
LMSR. „ „ 1928[5]	5000	1 900 000
GWR. vom 1. Jan. bis 19. Okt. 1928[5]	4000	2 000 000
LNER. „ „ 1929[6]	5900	2 065 000
(Zum Vergleich: Deutsche Reichsbahn 1925 (nach Knebel)[7]	460	?).

Leider stehen uns keine vergleichbaren Zahlen der Vorkriegszeit zur Verfügung, es ist aber kaum anzunehmen, daß die Sonderzüge früher quantitativ nur annähernd diese heutige Bedeutung je erreicht hatten.

---

[1] Johnson und Huebner, l. c. 2. Bd., S. 220.

[2] Times, 14. März 1928.

[3] Railway Gazette, 8. Februar 1929, S. 202.

[4] Nach Angaben der LNER.

[5] Railway Gazette, 19. Oktober 1928, S. 502.

[6] Bell: Present Position of British Railways, Modern Transport, 26. April 1930, S. 21.

[7] Anzahl der Sonntagsonderzüge oder Wochenendzüge. Daneben gibt es noch andere sog. Verwaltungsonderzüge.

Wir werden weiter unten noch Gelegenheit haben, zu zeigen, in welchem Maß gegenwärtig Sonderzüge auf große und kurze Entfernungen und nach allen Richtungen geführt werden.

Die Preise für diese Art von Leistungen waren von den englischen Bahnen von jeher sehr niedrig angesetzt worden. Durchschnittlich mögen sie etwa die Hälfte (oder noch weniger) der Normalrückfahrpreise betragen haben[1]. Marriot charakterisiert die Praxis, wie sie vor 20 Jahren üblich war, in folgender Zusammenfassung: „Some companies adopt a mileage scale for determing the fares to be charged on their railways, but the main consideration which is taken into account by railway traffic managers is that of placing such cheap fares and facilities before the public as will attract passengers in large numbers and full train loads, and thus make, what would otherwise be a loosing business into a transaction leaving a fair margin of profit“[2].

Heute werden die Fahrpreise für Sonderzugfahrten bei allen vier Gesellschaften nach einheitlichen Tarifschemata (Scales) berechnet. Es gibt einen bestimmten Tarif für die half day excursions, die frühestens etwa um 10 Uhr, durchschnittlich etwa um 11 Uhr beginnen, zwei Tarife gelten für die day excursions, und zwar ist der eine davon speziell für Sonderzugfahrten von London (ausgenommen solcher von London nach Ausflugzielen), der andere dagegen für alle übrigen „Trips“ bestimmt.

Sonderzugtarif für Halbtagsausflüge[3].

Distanz		Normalrückfahrt-tarif	Ermäßigung in %
	sh/d	sh/d	
Bis zu 10 Meilen	1/0	10 M.: 2/6	60
10—15 „	1/3	2/6— 3/9	50—67
15— 20 „	1/6	3/9— 5/0	60—70
20— 25 „	2/0	5/0— 6/3	60—68
25— 30 „	2/6	6/3— 7/6	60—67
30— 40 „	3/0	7/6—10/0	60—70
40— 50 „	3/6	10/0—12/6	65—72
50— 60 „	4/0	12/6—15/0	68—73
60— 80 „	4/6	15/0—20/0	70—77
80—100 „	5/0	20/0—25/0	75—80
100—110 „	5/6	25/0—27/6	78—80
Für jede weiteren 10 M.	—/6	(2/6)	
190—200 Meilen	10/0	47/6—50/0	79—80

[1] Vgl. Tomlison, l. c. S. 372.

[2] Marriot, The Fixing of Rates and Fares, London, 1908, S. 70.

[3] Nach Angaben des Passenger Managers der LNER.

Zum erstenmal begegnen wir hier einem Zonentarif. Die einzelnen Zonen sind nicht gerade groß, sie betragen 5—20 Meilen. Weil zudem die Sätze stark ermäßigt sind, ergeben sich nur geringe Preisunterschiede zwischen den einzelnen Zonen (maximal 6 d). Hervorzuheben ist die Ungleichmäßigkeit der Zonengröße. Diese beträgt nämlich

bei Entfernungen bis zu 30 Meilen: je 5 Meilen,
bei Entfernungen von 30— 60 Meilen: je 10 Meilen,
bei Entfernungen von 60—100 Meilen: je 20 Meilen,
bei Entfernungen von 100—200 Meilen: je 10 Meilen.

Trägt man diesen Zonentarif graphisch auf, so erhält man eine Treppe, deren Stufengestalt bei einem Aufstieg viermal wechselt[1]. Zwischen der 20. und 30. Meile erhöhen sich die Preise der Halbtagsausflüge durchschnittlich mehr, zwischen der 60. und 100. Meile dagegen weniger als proportional zur Entfernungszunahme. Worauf diese Ungleichmäßigkeiten zurückzuführen sind, ist uns nicht bekannt, möglicherweise besteht ein Zusammenhang mit früheren Usancen (ungleiche Elastizität der Nachfrage) oder mit verschiedenen Graden der Automobilkonkurrenz.

Auch die zwei Tarife der Tagesausflüge sind Zonentarife. Die Zonen für Entfernungen von 30 bis 100 Meilen stimmen nicht genau überein mit denen der half day excursions, weshalb auch eine vergleichende Zusammenfassung aller Sonderzugtarife nicht gut möglich ist[2].

Ausgenommen für Fahrten nach Tarif I bis 80 Meilen Länge und solche nach Tarif II bis 10 Meilen Länge werden auch hier die Fahrpreise nach Zonen abgestuft. Die graphische Darstellung von Tarif I stellt eine Linie dar, die bis zum Punkt (x = 80 M., y = sh. 10/0) eine Gerade bildet, von da an jedoch treppenförmig — und zwar anfänglich steiler, nachher gleichmäßig schwächer — verläuft. Tarif II bildet von Anfang an eine Treppe. Diese ist anfänglich nahezu so steil wie die Gerade von Tarif I und wesentlich steiler als die Tariftreppe der Halbtagsausflüge, von der 70. Meile an nimmt sie eine flachere Richtung ein und läuft von der 100. Meile an parallel den zwei Treppen von Tarif I und des Tarifs der Halbtagsausflüge.

Die Preisermäßigung gegenüber dem Normaltarif ist bei allen drei Sonderzugstarifen ganz beträchtlich, beträgt sie doch im Maximum 72 und 75 und 80 %. Außer in den Fällen, wo die Ermäßigung nur 50 % ausmacht, kostet die Hin- und Rückfahrt im Sonder-

---

[1] Nicht etwa nur dreimal, denn es ändert sich bei gleichbleibender Zonengröße während der ersten 30 Meilen der Tarifsatz bei der 20. Meile, wie aus dem Tarif selbst ersichtlich ist.

[2] Siehe S. 98.

(Zu S. 98 gehörig.)

Die zwei Sonderzugtarife für Tagesausflüge[1].

Entfernung in Meilen (Zonen)	Tarif I Bestimmt für Fahrten von und nach London (ausgen. von London nach Ausflugszielen)	Tarif II Bestimmt für Fahrten, für die Tarif I nicht zur Anwendung kommt	Normalrückfahrttarif	Ermäßigung in % Tarif I	Ermäßigung in % Tarif II	Ermäßigung in % Tarif für Halbtagsausflüge
	sh/d	sh/d	sh/d	%	%	%
Bis zu 10	einfache Normaltaxe (für Hin- und Rückfahrt) (für 10 bis 70—80)	einfache Normaltaxe	—/3— 2/6	50 (für 10 bis 70—80)	50	max. 60
10— 15		1/6	2/6— 3/9		max. 60 (für 10—15 bis 65—70)	,, 67
15— 20		2/0	3/9— 5/0			,, 70
20— 25		2/6	5/0— 6/3			,, 68
25— 30		3/0	6/3— 7/6			,, 67
30— 35		3/6	7/6— 8/9			,, 70 (für 30—35 und 35—40)
35— 40		4/0	8/9—10/0			
40— 45		4/6	10/0—11/3			,, 72 (für 40—45 und 45—50)
45— 50		5/0	11/3—12/6			
50— 55		5/6	12/6—13/9			,, 73 (für 50—55 und 55—60)
55— 60		6/0	13/9—15/0			
60— 65		6/6	15/1—16/3			,, 77 (für 60—65 und 65—70)
65— 70		7/0	16/3—17/6			
70— 80		7/6	17/6—20/0		max. 62	
80— 90	10/0	8/0	20/0—22/6	max. 56	,, 65	,, 80 (für 80—90 bis 95—100)
90— 95	10/6	8/6	22/6—23/9	,, 56	,, 64	
95—100	11/0	8/6	23/9—25/0	,, 56	,, 66	
100—110	11/6	9/0	25/0—27/6	,, 58	,, 67	,, 80
110—120	12/0	9/6	27/6—30/0	,, 60	,, 68	,, 80
120—130	12/6	10/0	30/0—32/6	,, 62	,, 69	,, 80
130—140	13/0	10/6	32/6—35/0	,, 63	,, 70	,, 80
140—150	13/6	11/0	35/0—37/6	,, 64	,, 71	,, 80 bis z. Zone: 190—200
Für jede weiteren 10 Meilen	—/6	—/6				
290—300	21/0	18/6	72/6—75/0	,, 72	,, 75	—

[1] Nach Angaben des Passenger Managers der LNER.

zug durchweg weniger als eine bloße Hinfahrt auf der gleichen Strecke im Normalzug, höchstens ergibt sich eine Ermäßigung gegenüber der einfachen Normalfahrt von 60 % (Halbtagesausflüge auf die Entfernungen von 100, 110, 120 bis 200 Meilen).

Diese gewaltigen Preisunterschiede haben natürlich zur Folge, daß die Hinfahrt der Sonderzüge auch von solchen Personen benützt wird, die sich an der Rückfahrt nicht beteiligen. Ein excursion ticket von London nach Liverpool stellt sich im Preis auf sh. 10/—, eine einfache Normalfahrkarte dagegen kostet sh. 24/9. Somit ergibt sich in diesem Fall eine Ersparnis von sh. 14/9. Dazu kommt erst noch die Möglichkeit von zahlreichen strafbaren, jedoch nicht leicht aufzudeckenden Mißbräuchen. Sonderzugfahrkarten können am Ziel der Fahrt an Personen verkauft werden, die am selben Tag eine Ortsveränderung in umgekehrter Richtung vorzunehmen wünschen. Praktisch stehen der Bahngesellschaft kaum irgendwelche Mittel zur Verfügung, derartige Übertragungen von Fahrkarten zu verhindern.[1]

Der Preisunterschied zwischen Tages- und Halbtagsausflügen entspricht im Prinzip dem Unterschied der entsprechenden Wertschätzungen. Im allgemeinen ist man gewillt, für eine Vergnügungsreise etwas mehr auszulegen, wenn der Aufenthalt am Ausflugsziel auf 10 statt vielleicht nur 4 Stunden festgesetzt ist. Ob allerdings ein Preisverhältnis von 1 : 2,2 (100 M Länge) mit den Wertschätzungen noch übereinstimmt, ist fraglich.

Tarif I der Tagesausflüge ist bestimmt für Sonderzugfahrten nach London und von London nach kleineren und größeren Städten, die nicht als ausgesprochene Ausflugsziele bekannt sind. Für Fahrten von London nach den sogen. „pleasure resorts“ und für solche von und nach anderen Städten als London kommt der niedrigere Tarif II in Anwendung. Die Differenz von Tarif I und Tarif II ist wohl darauf zurückzuführen, daß für die nach Tarif I bemessenen Fahrten eine besonders große Nachfrage besteht. Die Erfahrung wird eben gezeigt haben, daß es sich in diesem Fall lohnt, höher zu tarifieren.

Allen drei Sonderzugtarifen ist gemeinsam, daß deren Sätze weniger als proportional zur Entfernung steigen. Darin unterscheiden sie sich nicht nur vom Normal-, sondern auch von den übrigen

[1] Als früher einmal (vor dem Krieg) bei Anlaß einer Klage wegen Fahrkartenübertragung dieses Problem vor Gericht diskutiert worden ist, hat ein Zeuge ausgesagt, es gäbe Tausende, die die excursion tickets an Bekannte usw. übertragen (Zeitung d. Ver. Deutsch. Eisb. Verw. Jahrg. 1907, Nr. 21).

Ausnahmetarifen, die — mit Ausnahme des Arbeiter- und Dauerkartentarifs — reine Entfernungstarife sind. Daß die Entfernung im allgemeinen nicht in dem Maß die einer Reise entgegengebrachte Wertschätzung beeinflußt, wie man aus den meisten Tarifen festzustellen geneigt wäre, wurde an anderer Stelle schon dargelegt. Bei Reisen konsumtiver Art ist allerdings die Entfernung dann ein wesentlicher Faktor der Wertschätzung, wenn es sich um geringe bis mittlere Entfernungen handelt, und wenn die Fahrt an und für sich ein gewisses Vergnügen bietet. Im Fall großer Entfernungen aber ist das umgekehrte Verhältnis festzustellen, und zwar in ausgesprochener Weise bei Halbtages- und Tagesausflügen, bei denen die Größe der Entfernung ungefähr im umgekehrten Verhältnis zur Dauer des Aufenthalts am Ausflugsziel ist. Dies gibt u. E. eine Erklärung dafür, daß die Preisermäßigung der day- und half-day excursions im Gegensatz zu der sonst üblichen Praxis der englischen Bahnen mit zunehmender Entfernung steigt, wodurch der von einer gewissen Entfernung an abnehmenden Wertschätzung Rechnung getragen wird[1].

Zur Veranschaulichung der Bedeutung der Sonderzugfahrten (und deren Tarife) sind weiter oben schon einige Zahlen angeführt worden. Verhältniszahlen wurden dabei absichtlich weggelassen, denn nur ein Vergleich der Personenmeilen vermittelt uns ein richtiges Bild von den zu den einzelnen Tarifen (oder Tarifkategorien) beförderten Personenmengen, und die Personenmeilen für Sonderzugfahrten kennen wir nicht[2].

Um dennoch die Anzahl der Sonderzugfahrten etwas zu beleuchten und um deren Verteilung und Organisation kurz zu charakterisieren, seien im folgenden einige Einzelheiten über die Praxis bei zwei Eisenbahngesellschaften angeführt. Wir stützen uns dabei hauptsächlich auf die Propagandaliteratur der Southern und der LNER, sowie der Reisebüros und der National Sunday League. In Großbritannien kann nämlich jedermann eine sogen. guaranteed excursion oder special excursion organisieren. Es sind allerdings im Minimum 200 Reisende zu

---

[1] Die Deutsche Reichsbahn gewährt für ihre Verwaltungsonderzüge eine Ermäßigung von nur 33⅓ % auf die Sätze des Normaltarifs (der zudem den Charakter eines reinen Entfernungstarifs hat). Allerdings besteht jederzeit die Möglichkeit, von diesem Preisverhältnis abzuweichen (Knebel, l. c. S. 53).

[2] Die Personenfahrten der Sonderzüge (mit Ausnahme der Day-Excursions) machen bei der LNER für 1928 nur 1 % der Summe aller Personenfahrten (exklusive der Season-Ticket-Fahrten) aus. Die durchschnittlich durchfahrene Länge ist jedoch wesentlich größer als die Durchschnittslänge aller Fahrten, die für den September 1927 nur 15,22 M beträgt.

„garantieren", für die die Sätze der gewöhnlichen Sonderzugtarife bemessen werden. Die Reklame ist dabei Sache der „Promoters" (meistens sind dies Reisebüros, wie Cook, Restall, Dean & Dawson usw.), denen auch das finanzielle Risiko übertragen ist. Dafür erhalten sie eine 7proz. Kommission auf die Bruttoeinnahmen des von ihnen veranstalteten Ausflugszugs[1]. Diese Art von Excursions haben wir mitzuberücksichtigen — sofern sie dem allgemeinen Publikum zugänglich sind —, und sie sind deshalb in den folgenden Zahlen mitenthalten. Anderseits beschränken wir uns auf die von London aus geführten Sonderzüge.

Die Praxis der Southern:

1. Die Quantität der Tags- und Halbtagsausflüge (in Sonderzügen) nach bestimmten Ausflugszielen[2]

a) von London nach Brighton,

Fahrpreis der Day-Excursion	6/5 sh
Fahrpreis der Half-Day-Excursion	5/9 sh
Normalrückfahrpreis	12/10 sh.

Fahrten:

jeden Sonntag Mittwoch Donnerstag	das ganze Jahr	(bisweilen 3 getrennte Fahrten)
Montag Samstag	nur im Sommer	(bisweilen 2 getrennte Fahrten)

b) von London nach Margate, Ramsgate und anderen Stationen derselben Linie,

Fahrpreis der Day-Excursion	9/3 sh
Fahrpreis der Half-Day-Excursion	5/9 sh
Normalrückfahrpreis (nach Margate)	18/6 sh.

Fahrten an den gleichen Wochentagen wie nach Brighton,

c) von London nach Bournemouth:

Fahrpreis der Day-Excursion	13/6 sh
Fahrpreis der Half-Day-Excursion	6/6 sh
Normalrückfahrpreis	27/0 sh.

Fahrten: Mittwochs, Sonntags ungefähr 2mal im Monat während des ganzen Jahrs.

---

[1] Die Veranstalter erhalten zudem zwei Gratisfahrkarten. Bei der LMSR hat die Minimalfrequenz 300 Reisende zu betragen, wenn die Fahrtaxe weniger als 10/0 sh beträgt. Wenn große Vereine einen Ausflug zu veranstalten wünschen, jedoch nicht imstande sind, 200 (oder 300) Personen zusammenzubringen, erklärt sich die Bahn bereit, wenn möglich, einen excursion train selbst zu arrangieren. Ein gutes Beispiel für die kaufmännische Betriebsführung der englischen Bahnen: (Nach LMS cheap fares, 1929, und reduced fares der GWR).

[2] Nach Angaben des Indoor Commercial Manager's der SOUTHERN.

2. Die Anzahl der Tags- und Halbtagsausflüge an einem Tag. Es soll damit gezeigt werden, daß die obigen Beispiele nicht etwa vereinzelt anzutreffen sind. Eine Zählung auf Grund der Propagandaprospekte der Southern, der Reisebüros und der National Sunday League hat ergeben, daß am 23. September 1928 (ein Sonntag) allein

von London aus auf dem Netze der Southern mindestens 20 Day- & Half-Day-Excursions

organisiert worden sind, die zusammen nach

mindestens 91 Ausflugszielen geführt haben.

Es ist an dieser Stelle allerdings hervorzuheben, daß die englischen Eisenbahnen an Sonntagen nur eine beschränkte Zahl von Normalzügen führen, so daß schon aus diesem Grunde der großen Zahl von Sonderzügen eine gewisse Frequenz gesichert ist.[1]

Als Sonderzüge sind auch die an Sonntagen zu ermäßigter Taxe geführten Pullmanzüge der Southern zu bezeichnen, obschon sie in dem Fahrplan eingetragen sind. Im Sommer 1928 wurden an Sonntagen vom 17. Juni bis 23. September für sechs Pullmanzüge cheap day tickets ausgegeben. Es sind dies Züge, die ausschließlich Pullmanwagen 1. Kl. oder/und 3. Kl. mitführen und zudem eine sehr große Geschwindigkeit aufweisen. Um so auffallender ist es, daß die Fahrtaxe

[1] Was die Einschränkung des Verkehrs an Sonntagen anbetrifft, so sei dazu folgendes bemerkt. Wenn an Sonntagen weniger Züge geführt werden, so hat dies natürlich seinen Grund vor allem in einer geringeren Nachfrage nach Verkehrsleistungen. Der Engländer hat eben eine etwas andere Vorstellung vom Sonntag als der kontinentale Europäer. Heute allerdings wird schon viel mehr gereist als etwa in der Zeit vor dem Krieg. Haben sich die Bahnen vielleicht den Veränderungen der Bedürfnisse nicht angepaßt? Wir halten uns nicht für kompetent, diese Frage zu beantworten. Tatsache ist, daß der Automobilverkehr an Sonntagen ein Ausmaß erreicht hat, das den englischen Bahnen zu denken geben sollte. Die relativ hohen Personalkosten mögen hier auch im Spiel sein. Übrigens haben die Sonntagsleistungen während der letzten Jahre nicht unwesentlich zugenommen, wie folgende Statistik zeigt:

An Sonntagen gefahrene Personenzugmeilen in % der während folgender Monate total geleisteten Personenzugmeilen:

	Febr. 1923	Febr. 1928	August 1923	August 1928
GWR	3,27	3,75	3,59	5,40
LNER	3,43	4,00	3,52	5,59
LMSR	3,45	3,78	3,53	4,84
SOUTH'N	4,87	6,61	6,48	8,89.

niedriger ist als die Normalrückfahrtaxe der entsprechenden Wagenklasse, wie folgendes Beispiel zeigt:

	cheap day tickets by Pullman Car Express	Normalrückfahrttaxe	
London—Brighton . .	18/3 sh (1. Kl.)	21/0 sh (1. Kl.)	
London—Brighton . .	10/9 sh (3. Kl.)	12/10 sh (3. Kl.)	besonderer Zug.
London—Worthing . .	20/9 sh (1. Kl.)	25/0 sh (1. Kl.)	
London—Worthing . .	12/0 sh (3. Kl.)	15/0 sh (3. Kl.).	

Es ist sehr wohl möglich, daß durch diese Fahrten einem gewissen Bedürfnis nach Luxusreisen entsprochen wird. Aber es scheint uns eine verfehlte Politik zu sein, dafür einen niedrigeren Preis zu fordern als für eine Fahrt in einem gewöhnlichen Personenzug[1].

Die Praxis der LNER.

Im Gegensatz zu der Southern veranstaltet die LNER ihre Sonderzüge meist selbst (wenigstens was die Fahrten von London aus anbetrifft). Deshalb ist es ihr auch möglich, für jeden Monat ein besonderes Programm aufzustellen und dem Publikum in übersichtlicher Form bekanntzugeben. Über den Grad der Preisermäßigung wird größtes Stillschweigen bewahrt, obschon gerade dadurch die Nachfrage gesteigert werden könnte (weshalb ja auch die Warenhäuser bei Ausverkäufen die maximale Preisreduktion mit großen Lettern ankreiden). Aber man will eben durch die billigen Ausflüge vor allem um neue Kunden werben und die Autokonkurrenz bekämpfen, eine Abwanderung von Käufern von Normalleistungen zu solchen von Sonderleistungen dagegen möglichst vermeiden.

Während des zweiten Halbjahrs 1928 wurden von London aus 348 Halbtagsexkursionen geführt. Diese Summe verteilt sich auf die einzelnen Monate wie folgt:

Juli	76	Oktober	48
August	78	November	37
September	63	Dezember	46

Damit wurden monatlich ungefähr 50—60 (und zwar meist die gleichen) Ausflugsziele bedient, allerdings nicht gleichmäßig. Es betrug z. B. die Zahl der Sonderzüge während der genannten 6 Monate:

[1] Die Ursache dieses paradoxen Preisverhältnisses ist wahrscheinlich darin zu suchen, daß die Pullmanzüge bei Erhebung der Normaltaxe + Pullmanzuschlag keine befriedigende Frequenz aufgewiesen haben, und daß man sich deshalb zu Preisermäßigungen gezwungen sah. Der Hauptfehler liegt natürlich an den zu hohen Normaltaxen.

			Preis der Excursion	Normalrückfahrpreis
nach	Clacton-on-Sea	32[1]	5/0 sh	17/10 sh
„	Leicester	20	5/0 sh	24/6 sh
„	Cambridge	13	5/0 sh	14/4 sh
„	Sheffield	6	8/0 sh	39/10 sh
„	Leeds	4	9/6 sh	46/6 sh
„	Hull	4	9/0 sh	44/0 sh.

Nach dem Sonderzugtarif für Halbtagesausflüge sollte der Fahrpreis nach Clacton nur sh 4/6, der nach Cambridge nur sh 4/0 betragen. Wenn trotzdem für diese zwei Strecken sh 5/0 erhoben werden, so hat es seinen Grund darin, daß eben der Mindestfahrpreis der Half-Day-Excursions seinerzeit von der LNER auf sh 5/0 festgesetzt worden war. Seit dem Januar 1929 gibt es nun auch Sonderzüge auf Strecken von minimal 25—30 Meilen (Fahrpreis nach Tarif: sh 2/6)[2]. Die früheren Minimalfahrpreise werden allem Anschein nach trotzdem beibehalten.

Im Jahr 1929 hat die LNER etwas ganz Neuartiges eingeführt, das noch zu erwähnen ist. Ein Luxussonderzug fährt von London aus täglich an einen andern Seebadeort. Für diesen Zug (genannt: Eastern Belle Pullman) ist eine einheitliche Fahrtaxe von sh 6/6 in der 3. Pullmanklasse (und sh 10/6 in der 1. Klasse) zu bezahlen, gleichgültig, ob die Entfernung größer oder kleiner ist. Dieser Fahrpreis ist als sehr niedrig zu bezeichnen, beträgt er doch für eine Fahrt nach Clacton nur rund ein Drittel des Normalrückfahrpreises. Für weiter nördlich gelegene Badeorte ergibt sich eine noch größere Ermäßigung. Obschon gerade bei Luxusfahrten die Wertschätzung am ehesten von der Entfernung abhängig ist, wird in diesem Fall für verschiedene Entfernungen der gleiche Preis erhoben. Abgesehen hiervon, scheint uns dieses Arrangement vorteilhaft zu sein. Das Risiko ist viel geringer, als wenn die gleiche Zugkomposition für fahrplanmäßige Kurse verwendet wird, weil Änderungen leicht möglich sind. Zudem ist die Ausnützung des Rollmaterials günstig. Deshalb dürfte dieses System auch von kontinentalen Bahnen nachgeahmt werden[3].

---

[1] Diese Zahl stellt wahrscheinlich das Maximum dar. Nach einigen weiteren Seebädern werden etwa gleichviel Sonderzüge geführt. Ein Vergleich mit der Praxis der SOUTHERN ergibt, daß diese weit mehr Sonderzugfahrten organisiert. Nach Brighton allein gibt es im zweiten Halbjahr mindestens 90 Halbtagsausflüge (die von Reisebüros organisierten mitgezählt). Die Angaben über die LNER wurden den monatlichen Propagandabroschüren entnommen.

[2] Railway Gazette, 28. Januar 1929, S. 128.

[3] Wahrscheinlich kann dadurch ein Teil des an das Auto abgewanderten Verkehrs zurückgewonnen werden. — Wenn hier von Nachahmung die Rede ist, so haben wir vor allem die Schweizerischen Bundesbahnen im Auge, bei denen ein Experiment ähnlicher Art sehr erfolgreich ausfallen könnte.

IX. Die Gesellschaftstarife.

Wie man einer Person, die gewillt ist, eine größere Zahl von gleichen Leistungen der Bahn zu kaufen, eine Begünstigung gewährt (Dauerkarte), gewährt man auch dann einen Rabatt auf die gewöhnlichen Preise, wenn eine gewisse Zahl von zusammengehörenden Personen gleichzeitig eine Ortsveränderung vorzunehmen wünscht. In beiden Fällen handelt es sich um einen Massenkauf, ein Analogon zum Engroskauf im Warenhandel.

Vielerorts schenkt man heute den Gesellschaftsreisen mehr Aufmerksamkeit als früher. Dies hat seinen Grund in der Autokonkurrenz. Das Gesellschaftsauto eignet sich vorzüglich für Ausflüge von Vereinen usw., weil es meistens näher an das gewünschte Reiseziel zu gelangen vermag als die Bahn, und weil es überhaupt nicht an eine Schiene, an einen Fahrplan gebunden ist. Es leuchtet jedoch ein, daß die Eisenbahn besonders für Massentransporte billiger sein muß und kann, selbst dann, wenn das Auto ihr gegenüber infolge zu geringer Steuern bevorteilt ist. Deshalb dürfte es möglich sein, die Abwanderung des Gesellschaftsverkehrs wenigstens auf das gegenwärtige Ausmaß zu beschränken, indem man die Gesellschaftstarife dementsprechend ermäßigt (natürlich ohne Rücksicht auf unmögliche Selbstkostenberechnungen!).

Die Preise für Gesellschaftsfahrten auf den englischen Bahnen sind im Vergleich mit den Normalsätzen niedrig (im Vergleich zu den ausländischen Sätzen der Gesellschaftstarife sind sie dagegen eher etwas hoch). Wir können uns natürlich nicht mit Einzelheiten befassen, sondern haben uns auf die allgemeinen Bestimmungen zu beschränken.

Von den verschiedenen Gesellschaftstarifen haben wir zuerst einen zu erwähnen, der keinen besonderen Namen hat, den wir jedoch — weil er allgemeine Gültigkeit hat — als allgemeinen Gesellschaftstarif bezeichnen können[1]. Die Mindestzahl von Personen, die nötig ist, damit dieser Tarif in Anwendung kommt, beträgt heute acht, während sie noch vor kurzem auf zwölf festgesetzt war. Zeitlich besteht eine Beschränkung insofern, als nur Rückfahrten in Frage kommen, bei denen die Rückfahrt am gleichen Tag wie die Hinfahrt oder innerhalb der nächsten 5 Tage (Sonntag nicht mitgerechnet) stattfindet. Im ersten Fall, wenn

Hin- und Rückfahrt am gleichen Tag stattfinden, sind die Sätze des allgemeinen Gesellschaftstarifs gleich denen des einfachen Nor-

---

[1] Die LMSR bezeichnet die nach diesem Tarif bemessenen Fahrkarten als Pleasure Party Tickets, eine Bezeichnung, die nicht generell angewendet wird.

maltarifs (Ermäßigung für 1 Person: 50 % gegenüber der Normalrückfahrt).

Im zweiten Fall, wenn die

Rückfahrt innerhalb von 5 Tagen möglich ist, wird eine Ermäßigung von 33⅓ % auf die Sätze der Normalrückfahrten gewährt.

Prinzipiell handelt es sich also um einen dem Normaltarif parallel verlaufenden Ausnahmetarif. Für größere Gesellschaften wird keine Extravergünstigung zugestanden, außer insofern, als solche von mehr als 200 Personen Sonderzüge veranstalten können[1].

Sobald es sich nicht nur um Gesellschaften schlechthin, sondern um Vereinigungen handelt, die zur Ausübung ihrer Tätigkeit des öftern zu Ortsveränderungen gezwungen werden, genügen meist schon vier Personen, damit eine Ermäßigung von 50 % auf Tagesrückfahrten gewährt wird. Zu dieser Gruppe von Käufern gehören Sport- und Spielklubs aller Art, ferner Musik- und Orchestergesellschaften.

Die größte Ermäßigung wird bei Vereinsausflügen Jugendlicher zugestanden.

Personen von weniger als 16 Jahren
bezahlen ein Viertel (Ermäßigung = 75 %),

solche von 16 bis 18 Jahren
bezahlen die Hälfte der Normalrückfahrtpreise (Ermäßigung = 50 %).

Dabei haben die Fahrkarten eine Gültigkeit von 3 Monaten.

Besondere Gesellschaftsverträge gibt es außerdem für Mitglieder von Wanderklubs, Angelklubs, Besucher von Jahreskonferenzen (sofern mehr als 100 Delegierte), Teilnehmer von Schützenfesten usw. Diese Multiplizität kommt davon her, daß man die Gültigkeitsbestimmungen der Ermäßigungen den Bedürfnissen der verschiedenen Gesellschaften oder deren Mitgliedern anzupassen versucht. Die Tarifsätze sind mehr oder weniger die gleichen.

X. Die übrigen Ausnahmetarife.

Die Anzahl der zu „verschiedenen Tarifen durchfahrenen Personenmeilen ist ziemlich bedeutend, macht sie doch 6,6 % der Summe aller Personenmeilen aus (September 1927). In dieser Verhältniszahl sind allerdings Fahrten enthalten, die zu Ausnahmetarifen bemessen wer-

---

[1] Vgl. darüber Abschnitt VIII dieses Kapitels.

den, die wir schon behandelt haben, wie z. B. die meisten Gesellschaftsfahrten und die Weekendreisen der commercial travellers. Anderseits haben wir an dieser Stelle noch einige Tarife zu erwähnen, die statistisch zu den Day and Half-day-Excursions gerechnet werden.

Es wäre ein endloses Bemühen, wollte man eine Zusammenstellung aller tatsächlichen Personentarife geben. Denn es gibt Tarife, die von der einen Bahngesellschaft so, von einer andern eben anders benannt werden. Dazu kommen Tarife (und Fahrkarten), die gleich benannt werden, aber verschiedene Sätze und Gültigkeitsbestimmungen enthalten. Deshalb ist es uns nicht möglich, eine vollständige Liste der noch nicht besprochenen Ausnahmetarife anzuführen.

Von den noch nicht erwähnten Tarifen sind die bedeutendsten wahrscheinlich folgende:

1. Reduced fares on early closing days = ermäßigter Tarif an Wochentagen, an denen die Verkaufsläden und Warenhäuser am frühen Nachmittag schließen.

2. Walking tours = Tarif für kleinere Ausflüge, bei denen die Rückfahrt an einer anderen Station beginnt, als die Hinfahrt beendigt wird.

3. Tarif für Fahrten nach Ausstellungen und Sportveranstaltungen (local and special events).

4. Market tickets = ermäßigte Fahrkarten zum Besuch von Märkten.

5. Tarif für Jugendliche unter 14 Jahren. An solche Personen werden sozusagen alle Fahrkarten zum halben Preis ausgegeben. Die Altersgrenze ist 1928 von 12 auf 14 Jahre hinaufgesetzt worden.

Von den weiteren Ausnahmetarifen seien der Vollständigkeit halber noch folgende erwähnt:

Ermäßigter Tarif für Reisende, die in Plymouth landende Ozeanreisende abholen. (Unseres Wissens nur auf der Strecke London—Plymouth in Anwendung. [GWR.])

Tarif für beurlaubte Soldaten und Matrosen.

Tarif für beurlaubte Offiziere.

Tarif für Polizisten.

Tarif für Seekadetten (training ship boys).

Tarif für Eisenbahnbeamte (Privilege tickets).

Tarif für Hopfenpflücker (hop-pickers).

Über die Höhe und den Aufbau dieser Tarife noch zu berichten, würde zu weit führen. Es gibt auch hier regionale Differenzen. Nicht selten beträgt die Ermäßigung gegenüber dem Normaltarif 50 %, d. h. es ist der Fahrpreis für die Rückfahrt gleich dem einer einfachen Normalfahrt, ein Preisverhältnis, das — wie uns scheint — von den englischen Bahnen, wenn irgendwie möglich, einer komplizierten Relation vorgezogen wird[1].

Alle englischen Ausnahmetarife des Personenverkehrs sind, abgesehen vom Dauerkartentarif, der Trader's Season-Ticket Rates und des Arbeitertarifs, nicht gesetzlich vorgeschrieben. Ob nicht auf einen Teil dieser Tarife die Öffentlichkeit trotzdem einen Anspruch geltend machen könnte, wenn die betr. Begünstigungen aufgehoben würden, bleibe dahingestellt (Gewohnheitsrecht).

---

[1] Als Quellen dieser Zusammenfassung der übrigen Ausnahmetarife dienten uns: die Werbeliteratur der Eisenbahnen, Pole & Milne l. c., S. 122, sowie Angaben des Ministry of Transport.

Viertes Kapitel.

Der Wettbewerb zwischen Eisenbahn und Automobil.

I. Allgemeines.

Sozusagen in allen Ländern entzieht das Automobil der Eisenbahn Verkehrsmengen, und zwar sowohl Personen als auch Güter. Schon früher standen die Bahnen im Wettbewerb zu andern Verkehrsmitteln, wie Binnen- und Seeschiffahrt, aber meist nur in bezug auf verhältnismäßig geringe Verkehrsteile. Zudem waren die Bahnen an diese Rivalen von jeher gewohnt, vom Auto wurden sie dagegen überrascht (und nicht selten aus einem gemächlichen Schlaf aufgeweckt). Daraus entspann sich ein Kampf zwischen zwei Parteien, von denen die eine, das Auto, im allgemeinen eine bevorzugte Stellung einnimmt.

Als seinerzeit die Eisenbahn den Landtransport zu erobern begann, mußte sie sich um teures Geld eigene Wege erkaufen (besonders in Großbritannien, wo noch die hohen Parlamentskosten hinzukamen)[1]. Das Auto dagegen konnte mühelos die schon bestehenden Straßen als Fahrbahn benützen. Den Bahnen wurden zudem eine Reihe von Pflichten auferlegt. Es wurden ihnen Mindestleistungen, ferner Höchstsätze oder die tatsächlichen Tarife vorgeschrieben. In Großbritannien und den Vereinigten Staaten hat man ihnen des öftern nicht gestattet, sich kapita-

---

[1] Nach einer Schätzung des Labour Research Department hatten die englischen Eisenbahnen allein bis zum Jahr 1898 für Parlamentary and Law Expenses im Betrag von 300 Millionen £ aufzukommen (Davies: British Railways, 1825—1924, Why Nationalisation is inevitable, London, 1924, S. 10).

listisch oder auch bloß vertraglich zusammenzuschließen[1]. Und dem Auto? Was hat man ihm vorgeschrieben? Sozusagen nichts!

Es trifft allerdings zu, daß das Auto besteuert wird. Aber die daraus sich ergebenden Erträge decken die dem Auto zuzurechnenden Straßenunterhaltungskosten in den seltensten Fällen, von den Baukosten der Straßen gar nicht zu reden! Die Ausgaben für Verzinsung und Erneuerung der festen Anlagen sind deshalb beim Autobetrieb viel geringer als beim Bahnbetrieb.

Es trifft auch zu, daß der gewerbsmäßige Autobetrieb in gewissen Ländern einer besonderen Konzession bedarf, aber selbst dann ist das Auto noch in mancher Beziehung im Vorteil. Eine Autolinie bedarf keiner besonderen Bahnhofsanlagen[2]. Die Signalisation besorgt die Polizei. Das Auto kann mitten durch Städte und Dörfer fahren, während die Bahn vielfach ihre Bahnhöfe außerhalb der Verkehrszentren anzulegen hatte.

Die ökonomischen und rechtlichen Voraussetzungen des Automobilbetriebs sind natürlich in den einzelnen Ländern verschieden. Je nachdem das vorhandene Straßennetz gut oder schlecht, die Besteuerung der Autobusse hoch oder niedrig ist, wird viel oder wenig Kapital zur Einrichtung von Autoverbindungen investiert werden. Von großer Bedeutung sind auch — besonders in bezug auf die Gestaltung des Wettbewerbs — die für regelmäßig betriebene Autolinien meistens notwendigen Betriebskonzessionen. Wir haben uns hier darauf zu beschränken, die englischen Verhältnisse zu skizzieren, soweit sie für das Verständnis der Konkurrenz zwischen Eisenbahn und Auto von Bedeutung sind[3].

In Großbritannien kann jedermann einen Autobetrieb eröffnen, sofern er im Besitz einer „license" ist. Diese wird meist ohne weiteres erteilt. Im Gegensatz zu der auf dem Kontinent vielfach üblichen Praxis wird in Großbritannien keine Rücksicht genommen auf

---

[1] Wir bedienen uns hier, wie auch bei der Behandlung der Zusammenschlüsse zwischen den Eisenbahn- und Autobetriebsgesellschaften, der Begriffe, wie sie von Saitzew festgelegt worden sind (Horizontal und Vertikal im Wandel der letzten Jahrzehnte, Jena 1927).

[2] Außer wenn die Intensität des Autoverkehrs einen gewissen Grad erreicht hat, wie z. B. in London, wo gegenwärtig mehrere große Autobahnhöfe gebaut werden, die ausschließlich für Fernverbindungen bestimmt sind.

[3] Was die internationalen Vergleiche anbetrifft, verweisen wir auf die für den internationalen Eisenbahnkongreß von 1930 geschriebenen Gutachten. Vgl. insbesondere Wasiutynski, Road Transport & the Railways, Modern Transport, 31. Mai 1930, S. 20.

schon bestehende Auto- oder Bahnverbindungen. Die englische Konzession enthält zudem keine Bestimmungen über Fahrplan und Fahrpreise. Das Recht, licenses zu erteilen, ist Sache der lokalen Körperschaften. Daher kommt es, daß in Großbritannien 1300 „licensing authorities" bestehen. Wenn eine dieser Behörden eine Konzession verweigert, so besteht die Möglichkeit, bei einer anderen „authority" vorzusprechen. In gewissen Gegenden fehlt es überhaupt an Behörden, die zur Erteilung von Konzessionen befugt sind[1].

Es verwundert nicht, daß unter derart günstigen Umständen eine große Zahl von Autobetrieben entstand. Anfänglich beschränkten sich diese auf den engeren Lokalverkehr und traten hauptsächlich in Wettbewerb mit kommunalen und privaten Tramlinien. Im Lauf der Zeit bemächtigten sie sich auch des weiteren Lokal- und des eigentlichen Fernverkehrs. Heute wird ganz Großbritannien von einem engmaschigen Netz von Autolinien durchzogen, und es gibt wohl nur wenige Ortschaften, die nicht von einer Autobetriebsgesellschaft bedient werden. Sozusagen jedermann, der eine Ortsveränderung vorzunehmen beabsichtigt, bietet sich Gelegenheit, statt der Bahn das Auto zu benutzen. Dies erfordert zwar einen größeren Zeitaufwand, dafür sind jedoch die Kosten durchschnittlich ganz bedeutend niedriger.

Für den Lokalverkehr kommen vor allem die „Buses" in Betracht. Diese entziehen in erster Linie den Bahnen Verkehr, und zwar dadurch, daß sie ihre Leistungen zu einem niedrigeren Fahrpreis verkaufen, in kürzeren Zeitabständen verkehren und den Reisenden eher auf die von ihm beabsichtigte Entfernung zu befördern in der Lage sind (vermehrte Anhaltsmöglichkeiten).

---

[1] Das gegenwärtige Konzessionssystem muß in verschiedener Beziehung als unzulänglich bezeichnet werden, was auch die Ansicht des englischen Parlaments ist. Deshalb hauptsächlich ist die Royal Commission on Transport eingesetzt worden (vgl. Kap. 4 Abschn. III). In ihrem zweiten Bericht macht sie den Vorschlag, die Konzessionen und Kontrolle der Autobetriebe besonderen Kommissären zu übergeben (die dem Verkehrsministerium unterstellt würden). Diese hätten auch die Fahrpreise und Fahrpläne zu regulieren und für eine vernünftige Zusammenarbeit der verschiedenen Verkehrsmittel besorgt zu sein, usw. Das Ganze ist als ein Vorschlag weitgehender Staatsintervention zu beurteilen. (Vgl. Modern Transport, 2. November 1929.) — Nachträgliche Anmerkung: Den genannten Vorschlägen des königlichen Verkehrsausschusses ist nun bereits die Gesetzgebung gefolgt, indem die Road Traffic Bill am 1. August 1930 Gesetzeskraft erhielt. Die Royal Commission on Transport hat seither ihre Beratungen fortgesetzt und ihre endgültigen Vorschläge über die „allgemeine Zusammenarbeit und die Entwicklung aller verfügbaren Verkehrsmittel" in einem dritten und letzten Bericht veröffentlicht. Die „Final Recommendations" sind abgedruckt im Modern Transport, 10. Januar 1931, S. 5. — Vgl. Heyer, Das neue britische Automobilgesetz, Archiv f. Eisenbahnwesen, 1930, S. 1513.

Auf Grund einer besonderen, von der LMSR durchgeführten statistischen Erhebung hat sich ergeben, daß der Personenverkehr der genannten Gesellschaft vor allem durch den Rückgang des Lokalverkehrs beeinträchtigt worden ist. Nachstehende Tabelle gibt hierüber ausführlich Auskunft.

Einnahmen aus dem Personenverkehr zwischen Bahnhöfen der LMSR, die im Monat Juli 1923 eine Einnahme von mindestens 100 £ aufwiesen[1].

Entfernung	Einnahmen 1923	Einnahmen 1927	Zunahme (+) oder Abnahme (—)	
Meilen	1000 £	1000 £	1000 £	%
1 bis 10	886	649	— 237	— 27
über 10 bis zu 20	1 253	962	— 291	— 23
„ 20 „ „ 50	2 690	2 450	— 240	— 9
	4 829	4 061	— 768	— 16
„ 50 „ „ 100	1 609	1 640	+ 31	+ 2
„ 100 „ „ 200	2 060	2 147	+ 87	+ 4
„ 200	2 278	2 293	+ 15	+ 1
	5 947	6 080	+ 133	+ 2
Total	10 776	10 141	— 635	— 6

Selbstverständlich betreiben die Bus Companies auch Linien, die die Bahnen nicht schädigen und die deshalb volkswirtschaftlich von großem Nutzen sind. Jedoch bei Autobusverbindungen, die keinen neuen Verkehr zu schaffen vermögen, sondern einzig und allein eine Ertragsverminderung des kapitalintensiven Bahnbetriebs zu Folge haben, handelt es sich um eine Verschwendung wirtschaftlicher Güter[2].

[1] Diese Mindesteinnahme bezieht sich nur auf den Abgangsbahnhof des hier berücksichtigten, zwischen zwei Bahnhöfen der LMSR stattgehabten Verkehrs. — Die Einnahmen aus dem Verkauf von Dauer- und Arbeiterfahrkarten sind dabei außer Betracht gelassen worden. — Obige Tabelle ist dem Aufsatz von Wood und Sherrington, The Railway Industry of Great Britain, 1927, entnommen (London & Cambridge Economic Service, Special Memorandum No. 27, S. 15).

[2] Man kann zwar dagegen einwenden, die Autobetriebe hätten doch in vielen Fällen dem Publikum bessere Verkehrsmöglichkeiten verschafft und z. B. die Bahnen veranlaßt, ihren Betrieb zu rationalisieren und nach kommerzielleren Gesichtspunkten einzurichten. Aber können nicht diese Verbesserungen auch auf anderem Wege erreicht werden? — Wenn hier von Bahnbetrieben die Rede ist, so denken wir nicht an solche, die einen äußerst geringen Verkehr aufweisen, und die deshalb besser aufgehoben und durch einen Autobetrieb ersetzt würden. Die englischen Bahnen haben übrigens in letzter Zeit mehrere unrentable Nebenlinien außer Betrieb gesetzt.

Von den Buses zu unterscheiden sind die Motor Coaches, die für den Fernautoverkehr verwendet werden. Sie sind im allgemeinen komfortabler eingerichtet als die Buses, enthalten aber dafür weniger Sitzplätze. Wie in anderen Ländern, findet auch in Großbritannien ein Teil dieser Wagen Verwendung für gelegentliche Ausflugsfahrten. Damit wird natürlich das Excursion Business der Bahngesellschaften in hohem Maß beeinträchtigt. Vielerorts haben dadurch die Autounternehmer den Bahnen vorgemacht, wie elastisch die Nachfrage nach Verkehrsleistungen, die das Bedürfnis nach Vergnügungsfahrten befriedigen, im allgemeinen ist. Für Großbritannien zwar ist dieser Zusammenhang eher umgekehrt, denn die englischen Bahnen pflegen schon seit langem Sonderzugfahrten zu stark ermäßigten Preisen zu veranstalten.

Seit wenigen Jahren werden in Großbritannien mit den Motor Coaches auch regelmäßige Fernautolinien betrieben. Bequem eingerichtete Großautos fahren täglich mehrmals nach bestimmtem Fahrplan von London nach den verschiedenen Seebädern, nach den Industriezentren Mittelenglands, ja sogar weit hinauf nach Schottland. Alle großen Städte sind heute durch direkte Autolinien miteinander verbunden. Seit Jahresfrist sind sogar Schlafwagen dem Betrieb übergeben worden. Die meisten Verbindungen werden in einem von den einzelnen Unternehmern gemeinsam herausgegebenen Fahrplan bekanntgegeben. Darin sind auch die wichtigsten Angaben über die Fahrpreise usw. enthalten[1].

Daß auch die Fernautolinien den Bahnen Wettbewerb machen, steht außer Zweifel. Doch befördern sie vorläufig noch wesentlich weniger Personen als die Lokalautobetriebe, denn wenn auch deren Fahrpreise beträchtlich niedriger sind als die Sätze des Normalbahntarifs, so macht sich anderseits die geringe Geschwindigkeit des Autos auf große Entfernungen stärker bemerkbar als auf kurze. Wenn allerdings die Entwicklung der „Long Distance Motor Coach Services" in gleichem Maß fortschreitet wie bis jetzt, so werden diese den Bahnen bald so viel Verkehr entziehen wie die lokalen Bus-Betriebe.

II. Die Personenfahrpreise der Autobetriebe, verglichen mit denen der Eisenbahnen.

Selbständige Autobetriebe sind in ihrer Preisfestsetzung vollkommen unabhängig. Keine Behörde mischt sich direkt in ihre Preispolitik ein.

---

[1] In diesem Fahrplan, der vom Motor Transport und dem Motor Hirers Association Joint Committee herausgegeben wird, sind nur solche Betriebe enthalten, die mindestens dreimal wöchentlich verkehren und die sich während 28 Tage als reguläre Betriebe bewährt haben. Die Mindestentfernung beträgt 30 Meilen.

Das Auto hat sich nicht an gesetzliche Tarifschranken zu halten wie seinerzeit die Eisenbahn an die „Maxima“[1]. Die tatsächlich erhobenen Fahrpreise der Autobetriebe werden vor allem bestimmt durch die Wertschätzung der Käufer (obere Grenze), durch die Fahrpreise der Konkurrenten und auf die Dauer auch durch die Kosten (untere Grenze). Was einleitend zu dieser Abhandlung über die Bildung der Eisenbahnpersonenfahrpreise ausgeführt worden ist, gilt grundsätzlich auch für die Bildung der Autofahrpreise.

Was zunächst die Fahrpreise der Bus-Unternehmungen, als der lokalen Autobetriebe, anbetrifft, so ist es äußerst schwierig, deren durchschnittliche Höhe zu schätzen oder gar auszurechnen. Denn nicht nur sind die Tarifsätze auf der einen Linie höher als auf der andern, sondern selbst für eine und dieselbe Fahrstrecke werden gleichzeitig verschiedene Preise erhoben. Letzteres kommt hauptsächlich davon her, daß die Leistungen gewisse Unterschiede aufweisen. Eine Gesellschaft, die nur über älteres Wagenmaterial verfügt, muß sich mit niedrigeren Fahrpreisen begnügen als eine andere, die die gleiche Strecke mit vorwiegend neuen, komfortabel eingerichteten Buses befährt. Über das Verhältnis von Tarif und Leistung verweisen wir auf die im theoretischen Abschnitt in bezug auf die Konkurrenz zwischen Eisenbahnunternehmungen gemachten Ausführungen. Auf Grund einer Artikelreihe, die im Modern Transport unter dem Titel Motor Omnibus Services in the Provinces fortlaufend erscheint, schätzen wir den Durchschnitt der normalen Autotarife im Lokalverkehr auf etwas über 1 d für 1 Meile. Demgegenüber beträgt der Normalsatz des Eisenbahntarifs 1½ d. Größer ist der Unterschied zwischen den Hin- und Rückfahrtarifen der beiden Verkehrsmittel (abgesehen von den Ausnahmetarifen der Bahnen). Mit wenigen Ausnahmen geben die Bus-Gesellschaften Hin- und Rückfahrtkarten aus, die im Preis stark ermäßigt sind. Eine für Schottland vorgenommene Untersuchung hat folgende Vergleichsdaten ergeben[2]:

---

[1] Das sind die früher gesetzlich vorgeschriebenen Höchstsätze.

[2] Rail and Road Transport in Scotland, Modern Transport, 24. August 1929, S. 6. Als Berechnungsgrundlage dienten 16 von Glasgow ausgehende Fahrstrecken mit einer gesamten Länge von 413 Meilen. Es handelt sich also hier ausschließlich um Parallellinien von Auto- und Bahnbetrieb, deshalb gibt es für alle diese Strecken Tagesrückfahrtkarten, und deshalb auch sind die Bus Fares derart niedrig. Durchschnittlich sollen diese jetzt ¾ d. betragen, während sie vor wenigen Jahren noch auf 2 d. gestanden haben sollen. (Nur in Schottland!)

Durchschnittl. Fahrpreis einer Hin- und Rückfahrt für 1 Meile (auf Grund des Normalrückfahrttarifs)	mit Bahn	1,11	d
	„ Bus	0,598	d
Durchschnittl. Preis einer Tagesrückfahrtkarte	nur mit Bahn	0,583	d für 1 M.
Durchschnittl. Reisegeschwindigkeit .	„ Bahn	24,06	M. für 1 Stde.
	„ Bus	18,35	M. für 1 Stde.

Hieraus ergibt sich also, daß besonders im Glasgow-Distrikt die Sätze des Normalrückfahrttarifs der Bus-Gesellschaften im Durchschnitt nur etwa halb so hoch sind wie die der Eisenbahn, und dies, obschon letztere etwa 20 % niedriger sind als die Standard Return Fares von 1,5 für 1 M. einfacher Fahrt. Wegen dieses beträchtlichen Tarifunterschieds hat sich die Bahn entschlossen, den Tagesrückfahrttarif einzuführen, und hat damit die Fahrpreise der Autobetriebe für einen gewissen Verkehrsteil um Weniges unterboten. Es sei an dieser Stelle auch erwähnt, daß die Bus-Gesellschaften, ebenso wie die Bahnen, zum Teil Wochen- und Monatskarten, neuerdings sogar Arbeiterkarten ausgeben.

Über die Fahrpreise der Fernautolinien ist man besser unterrichtet als über die der Lokalautobetriebe. Wir lassen hier eine vergleichende Zusammenstellung folgen, deren Autotarife größtenteils der Official Long-Distance Motor Coach Time-Table entnommen sind[1].

Diese Tabelle stellt nur eine knappe Auswahl des englischen Fernauto-Liniennetzes dar. Im ganzen wurden im Mai 1929 gegen 200 verschiedene Autolinien regelmäßig betrieben. Im Winter dürften es etwas weniger, im Sommer mehr sein. Die Fahrpreisunterschiede zwischen Bahn und Auto schwanken für einfache Fahrten in unserer Zusammenstellung zwischen 25,0 und 41,2 %. Der durchschnittliche Preisunterschied kann nicht gut ausgerechnet werden, weil es keine bestimmte Abgrenzung gibt zwischen Lokal- und Fernautolinien. Für reguläre Hin- und Rückfahrten gewährt das Auto im Gegensatz zur Bahn eine Ermäßigung (von etwa 15 %) auf den doppelten Betrag der einfachen Fahrtaxe. Daher kommt es, daß der Preisunterschied der beiden Verkehrsmittel für Hin- und Rückfahrten größer ist als für einfache Fahrten. Wir haben jedoch zu berücksichtigen, daß die Bahn eine ganze Reihe von Ausnahmetarifen gewährt, deren Sätze durchschnittlich nicht viel höher sind als die Autofahrpreise. Von diesen Ausnahmetarifen ist vorerst der Tagesrückfahrtarif zum Vergleich heranzuziehen, ein Tarif, der eine Ermäßigung von 50 % gegenüber dem Normalrückfahrttarif darstellt. Damit

[1] Siehe S. 116.

Die Personenfahrpreise der englischen Fernautobetriebe, verglichen mit denen der Eisenbahnen.

Mai 1929.

Strecken	Zahl der Auto-gesell-schaften	Zahl der täg-lichen Kurse	Fahrpreis für einfache Fahrt: mit Auto	Fahrpreis für einfache Fahrt: mit Bahn	Fahrpreis für einfache Fahrt: Auto billiger als Bahn	Fahrpreis für Hin- und Rückfahrt: mit Auto	Fahrpreis für Hin- und Rückfahrt: mit Bahn	Fahrpreis für Hin- und Rückfahrt: Auto billiger als Bahn	Fahrpreis für Tagesrückfahrt: mit Auto	Fahrpreis für Tagesrückfahrt: mit Bahn	Fahrpreis für Tagesrückfahrt: Vergleich von Auto- und Bahnfahrpreis
			sh/d	sh/d	%	sh/d	sh/d	%	sh/d	sh/d	%
1. London—Liverpool . .	6	7	17/6	24/9	29,3	30/0	49/6	39,4	—	10/0[2]	Bahn[3] billig.: 66,7
	1	1	15/0	—	39,4	27/6	—	44,5	—	—	—
	1	1[1]	25/0	—	—	40/0	—	—	—	—	—
2. London—Manchester .	4	9	16/6	23/0	28,2	30/0	49/6	39,4	—	9/6[2]	Bahn[3] billig.: 68,3
3. London—Edinburgh .	1	2	30/0	49/6	39,4	51/6	99/0	48,0	—	24/0[2]	Bahn[3] billig.: 53,4
4. London—Newcastle . .	7	9	20/0	34/0	41,2	35/0	68/0	48,6	—	—	—
		1[1]	32/0	—	—	58/0	—	—	—	—	—
5. London—Plymouth . .	5	5	20/0	28/2	29,0	35/0	56/4	37,9	—	—	—
6. London—Oxford . . .	3	13	6/0	8/0	25,3	10/0	16/0	37,5	10/0	4/6[2]	Bahn billig.: 55,0
7. London—Southend . .	4	15	2/6	3/6	28,6	4/0	7/0	42,8	3/0	3/6	Bahn teurer: 14,3
		16	3/0	—	—	5/6	—	—	4/6	—	Bahn billig.: 22,2
		2	3/6	—	—	5/6	—	—	4/6	—	
8. Liverpool—Newcastle .	2	2	15/0	20/1	25,3	25/0	40/2	37,8	—	—	—
9. Glasgow—Edinburgh .	1	30	2/9	3/10	28,2	4/4	7/8	43,5	4/4	5/0	Bahn teurer: 13,3

[1] Schlafwagendienst. [2] Sonderzugsfahrt (Half Day Excursion). [3] Hier ist der Sonderzugtarif der Bahn mit dem Normalrückfahrttarif des Autos verglichen worden. Ersterer kommt nur an wenigen Tagen, letzterer an allen in Anwendung.

unterbietet die Bahn im allgemeinen die regulären Autofahrpreise. Allerdings kommt der Tagesrückfahrttarif für den Fernverkehr — mit dem wir es hier zu tun haben — nur in beschränktem Maß in Betracht. (Am ehesten bei der Southern, die diesen Ausnahmetarif für Entfernungen bis etwa 150 km anwendet)[1]. Zudem wird seine Gültigkeit zeitlich stark begrenzt. Übrigens haben die Autobetriebe, sofern es die Entfernung ermöglicht, ebenfalls Tagesrückfahrtkarten eingeführt, und zwar nicht nur für bestimmte Wochentage (und Tagesstunden), sondern — im Gegensatz zur Praxis der Bahngesellschaften — ohne jede zeitliche Beschränkung. Die Sätze dieses Ausnahmetarifs sind bisweilen etwas höher, bisweilen etwas niedriger als die des gleichnamigen Bahntarifs. (Siehe die letzten drei Beispiele in der vorstehenden Tabelle.)

Für größere Entfernungen sind noch die Sonderzugtarife, der Weekend-, Period-Excursion- und Touristentarif mit den Autotarifen zu vergleichen. Die Sonderzugfahrpreise sind sozusagen immer niedriger als die regulären Hin- und Rückfahrtpreise der Autobetriebe. Hier ist das Auto nicht mehr wettbewerbsfähig. Bei den in unserer Tabelle genannten drei ersten Beispielen unterbietet die Bahn durch ihren Sonderzugtarif den regulären Hin- und Rückfahrttarif der Autobetriebe um 66,7 %, 68,3 % und 53,4 %. Aber es ist zu beachten, daß der Sonderzugtarif verhältnismäßig selten zur Anwendung gelangt.

Die Bahnfahrpreise für Weekend- und Period-Excursionfahrten sind gegenüber dem Normalrückfahrttarif um 33⅓ % ermäßigt, Da dadurch die Autofahrpreise für Hin- und Rückfahrten nicht unterboten werden (die normalen Rückfahrpreise des Autos sind nämlich im Durchschnitt mindestens um 40 % niedriger als die der Bahn) können die Autobetriebe durch die genannten zwei Ausnahmetarife kaum mit Erfolg bekämpft werden. In noch viel geringerem Maß kann der um nur 8,33 % ermäßigte Touristentarif als wirksame Waffe der Bahn im Kampf gegen das Auto betrachtet werden. Es ist außerdem zu beachten, daß der Weekend- und der Period-Excursion-Tarif nur für Fahrten an bestimmten Wochentagen und von bestimmter Dauer in Frage kommen, während eben der Tagesrückfahrttarif der Autobetriebe dort, wo man ihn eingeführt hat, täglich in Kraft ist.

Wir kommen zum Schluß, daß das Auto mit seinen Fahrpreisen im allgemeinen die Bahntarife ganz beträchtlich unterbietet, und wenn auch dessen Leistungen tiefer einzuschätzen sind, so ist eben doch bei

---

[1] Vgl. 3. Kapitel, VII, 4.

vielen Personen der Fahrpreis der ausschlaggebende Faktor[1]. Es ist deshalb nicht verwunderlich, daß das Auto auch im Ferndienst fortwährend neue Anhänger gewinnt und damit der Eisenbahn in steigendem Maß Verkehr entzieht. Die englischen Bahngesellschaften wehren sich dagegen durch Vermehrung der Ausnahmetarife und durch Veranstaltung von billigen Sonderzugfahrten, worüber im dritten Kapitel ausführlich berichtet worden ist. Mit was für weiteren Kampfwaffen die Bahnen sich ausgerüstet haben oder auszurüsten beginnen, ist Gegenstand der folgenden Ausführungen.

III. Die Straßenverkehrsrechte der Eisenbahnen und die teilweise Ausschaltung der Autokonkurrenz.

Es ist begreiflich, daß die englischen Bahnen alle Anstrengungen machten, um den schädigenden Wettbewerb der Autobetriebe zu beseitigen. Zu diesem Zweck war es notwendig, außer der fortwährenden Preisermäßigung für gewisse Leistungen (Ausnahmetarife), andere, direkte Maßnahmen zu treffen, denn es schien kaum möglich, die Autokonkurrenz allein durch das bisher angewandte Mittel der Tarifpolitik, ohne starken Rückgang der Betriebseinnahmen, schadlos zu machen. Deshalb ersuchten die vier Hauptbahnen und die Metropolitan Railway Comp. das Parlament um die Gewährung der Straßenverkehrsrechte, der sog. Road Powers. Bisher hatten nämlich die Bahnen kein Recht, selbst Autoverbindungen zu betreiben. Nur Zubringerdienste in engerem Sinn waren statthaft[2]. Die von den fünf Eisenbahngesellschaften eingereichten Gesetzentwürfe enthielten die Bestimmung, daß diese Bahnen von nun an

[1] Interessanterweise sind in den meisten andern europäischen Ländern die Autotarife höher als die Eisenbahntarife. Eine Untersuchung von Wasiutynski (report prepared on question XIII for the International Railway Congress, Madrid, 1930, abgedruckt im Modern Transport, 31. Mai, 1930, S. 20) hat ergeben, daß die Autotarife in Belgien, Dänemark, Frankreich, Norwegen und Schweden ungefähr gleich hoch sind wie die Zweit-Klaß-Eisenbahntarife. In Italien sind die Autotarife 35 % und in Spanien 60 % höher, in Polen, Portugal, Tschechoslowakei und Jugoslawien etwa 40 % niedriger als die Zweit-Klaß-Eisenbahntarife. In den Vereinigten Staaten von Amerika sind die Autotarife für kurze Entfernungen gleich hoch oder höher, für große Entfernungen dagegen — ähnlich wie in Großbritannien — wesentlich niedriger als die Dritt-Klaß-Eisenbahntarife.

[2] Daß die Bahngesellschaften von dem sonst jedermann gewährten Recht, Autolinien zu betreiben, ausgeschlossen waren, ist darauf zurückzuführen, daß sie sog. Statutory Companies sind („There is a large class of companies, which . . . . . . may be called statutory companies, constituted by special Act of Parliament for the purpose of carrying undertakings of public utility, such as railways . . . . . .“. Encyclopaedia Britannica, 12. Aufl., 6. Bd., S. 150).

berechtigt sein sollten, „to provide, own, work and use road vehicles“. Zur Beratung dieser Road Bills wurde ein Ausschuß (Joint Committee of Lords & Commons) eingesetzt.

Vor diesem Ausschuß machten die Bahngesellschaften vor allem geltend, das Auto sei gegenüber der Bahn in mancher Beziehung bevorzugt (was tatsächlich auch zutrifft). Als die größte Ungerechtigkeit würde die Tatsache bezeichnet, daß die Bahnen sogar Steuern zu zahlen hätten, von denen ein Teil zum Unterhalt von Straßen verwendet würde, während sie selbst kein Recht hätten, diese zu benützen[1]. Im übrigen sei es für die gesamte englische Volkswirtschaft von größter Bedeutung, ob die „most important industry“ gedeihe oder untergehe.

Demgegenüber verteidigten sich die Autobetriebsgesellschaften mit ebensolchem Eifer wie die Eisenbahnen. Am meisten Zugkraft sollte natürlich der Hinweis darauf haben, daß die Bahnen nur die ihnen verloren gegangene Monopolstellung zurückerobern wollten, eine Entwicklung, die für die Öffentlichkeit niemals von Vorteil sein könne, weil dadurch die Verkehrspreise wesentliche Erhöhungen erfahren müßten.

Wie vorauszusehen war, drangen die Bahnen mit ihren Forderungen durch, und im Sommer 1928 erhielten vier von den fünf Bills Gesetzeskraft. Der Metropolitan Railway Comp. wurde das Recht, Autolinien zu betreiben, verweigert, und zwar mit der Begründung, daß eine besondere Regelung des Londoner Vorortverkehrs beabsichtigt werde. Von nun an konnten also die vier Hauptbahnen eigene Autolinien betreiben und waren demnach insofern gegenüber ihrem Konkurrenten nicht mehr benachteiligt. Eine Ausnahme besteht darin, daß die Bahnen kein Recht haben, innerhalb des Metropolitan Police District und der City of London Reisende unterwegs ein- oder aussteigen zu lassen[2]. Zugleich sind die kommunalen Autobetriebe durch gewisse Bestimmungen vor einem möglichen Wettbewerb durch die Autolinien der Bahnen geschützt worden. Letztere können übrigens kein einziges Personenauto in Betrieb setzen, ohne von den Lokalbehörden eine license erworben zu haben. Von einer Regelung der Autotarife hat man vorläufig abgesehen, d. h. es wurde dieses Problem der Royal Commission on Transport übertragen, die eine neue Gesetzgebung, betreffend den Straßen-

---

[1] Diese Steuern sind übrigens durch die Finance Act, 1928, beseitigt worden. Brunner, The Problem of Motor Transport, 1928, S. 92.

[2] In Wirklichkeit bezieht sich dieses Verbot auf eine Fläche mit einem Radius von 18 Meilen, gemessen vom Zentrum Londons aus.

verkehr und seine Beziehungen zu den übrigen Verkehrsmitteln, vorzubereiten hat[1].

Es dürfte noch interessieren, auf welche Weise die Bahnen die ihnen zugestandenen Straßenverkehrsrechte sich zunutze machen[2]. Sogleich nach Erlaß der Railways (Road Transport) Act im August 1928 haben die englischen Eisenbahngesellschaften mit den bestehenden Autobetriebsunternehmungen Verhandlungen angebahnt und haben sich in der Folge mit einer Reihe solcher Betriebe zusammengeschlossen. Eingehend darüber zu berichten, betrachten wir nicht als unsere Aufgabe. Es wird fruchtbarer sein, später einmal diesen Gegenstand im Zusammenhang mit den Resultaten dieser Entwicklung zu behandeln. An dieser Stelle sei nur folgendes hervorgehoben:

Die erwähnten Zusammenschlüsse erfolgten meist derart, daß neue Autobetriebsgesellschaften gebildet wurden, an denen sich eine oder zwei Eisenbahngesellschaften und eine oder mehrere Autobetriebsgesellschaften beteiligten[3]. Die Beteiligung wurde dabei vorwiegend auf die zwei Verkehrsinteressen gleichmäßig verteilt. („In many instances the railway companies hold the same number of shares as the original proprietors, the result being that there is an equality of interest between the two parties so that the new form of transport is free to follow its normal development"[4].) Es haben demnach keine Fusionen zwischen Eisenbahn- und Autobetriebsgesellschaften stattgefunden, sondern die

---

[1] The Times, 1. Februar 1928, S. 5. Der Zweck dieses Ausschusses wurde folgendermaßen definiert: „To take into consideration the problems arising out of the growth of road traffic, &, with a view to securing the employemt of the available means of transport in Great Britain to the greatest public advantage, to consider and report what measures, if any, should be adopted for their better regulation & control. &, so far as is desirable in the public interest, to promote their co-ordinated working and development." Bisher sind zwei Berichte dieses Ausschusses erschienen. Über den zweiten Bericht siehe Anm. S. 111.

[2] Vgl. hierüber einen Artikel („Railways and the Roads, II") im Economist vom 26. Oktober, 1929, S. 757.

[3] In der Generalversammlung der Tilling and British Automobile Traction, Ltd. (28. Febr. 1930) äußerte sich deren Präsident über die Frage dieser Beteiligungen dahin, daß es ganz gut möglich gewesen wäre, „jenen Plan durchzuführen, der sich auf die Verkehrs-„co-operation" beziehe, ohne daß sich die Eisenbahnen an den Autobetrieben finanziell beteiligt hätten, daß man aber allerseits der Ansicht gewesen sei, daß die Beziehungen mit den Eisenbahngesellschaften begünstigt würden, wenn letztere am Gedeihen der Autounternehmungen interessiert seien. (Modern Transport, 8. März 1930, pag. 31.)

[4] Official Statement issued by the railway companies, Modern Transport, 5. Juli 1930, S. 16.

Zusammenschlüsse sind meist durch das Mittel der Holding Company erfolgt[1]. In einem offiziellen Bericht der Eisenbahnen wurde über die Art der Beteiligungen bekanntgegeben, daß in keinem Fall die Eisenbahngesellschaften die Aktienmehrheit von Autogesellschaften erworben haben[2]. Ein Korrespondent des Statist ist allerdings anderer Ansicht. Dieser berichtet nämlich, daß die Eisenbahnen, wo es ihnen möglich sei, die Autobetriebe erwerben („are acquring“) und zwar oft zu hoch übersetzten Preisen[3]. Ebenso ist in einem Aufsatz des Economist von Aufkaufen der Autobetriebe („buying up“) die Rede[4]. Möglicherweise beziehen sich diese Angaben auf solche (kleinere) Autobetriebsunternehmungen, die zwar ursprünglich aufgekauft worden sind, die aber nachträglich den neu gebildeten Holding Companies, von denen die Eisenbahnen tatsächlich keine Aktienmehrheit besitzen, übertragen werden[5].

Die Autobetriebe, mit denen sich die Eisenbahnen zusammengeschlossen haben, um den nachteiligen Wettbewerb auszuschalten, sind z. T. unabhängige Gesellschaften, vorwiegend sind sie jedoch im Besitz einiger weniger Transport- und Produktionsunternehmungen, insbesondere folgender Gesellschaften[6]:

Tilling and British Automobile Traction and British Electric Traction Group[7],
National Omnibus and Transport Co., Ltd.,
Scottish Motor Traction Co., Ltd.,
National Electric Construction Co.

Indem nun diese Gesellschaften ihrerseits an der Mehrzahl aller „Bus-Companies“ beteiligt sind, ist eine nahezu ganz Großbritannien umfassende Vereinigung der Eisenbahn- und

[1] „..... and in certain cases new companies have been formed to take over the joint rail and road interest“. The Times, 17. April 1930, S. 15.

[2] Official, Statement issued by the railway companies, Modern Transport, 5. Juli 1930, S. 16.

[3] The Statist, 26. Juli 1930, S. 127.

[4] The Economist, 26. Oktober 1929, S. 757.

[5] Über das Zustandekommen der Zusammenschlüsse, und zwar auch solcher zwischen Autobetrieben und den Neben- und Stadtbahnen verweisen wir auf einen Vortrag von Fenelon, abgedruckt in The Manchester Guardian Commercial, 27. Juni 1929.

[6] Außerdem haben sich die L. M. S. R. und die L. N. E. R. u. a. an den kommunalen Autobetrieben von Sheffield, Leeds und Halifax finanziell beteiligt. Modern Transport, 5. Juli 1930, S. 16.

[7] Vgl. darüber: Minutes of Procedings before the Joint Select Committee of the H. o. L. & the H. o. C. on Railway (Road Transport) Bill, S. 956.

Automobil - Personen - Transportinteressen zustandegekommen. Trotzdem wäre es verfrüht, von einem Monopol zu sprechen, denn die Zahl der Außenseiter ist noch zu beträchtlich, und kann sich, solange die Road Traffic Bill keine Gesetzeskraft[1] erlangt hat, jederzeit vermehren. Aber was noch nicht ist, das kann noch werden. So lautet wenigstens die Prognose des Statist: „It seems as though the ultimate organisation of passenger transport will be a very small number of road monopolies, controlled in detail by the Ministry of Transport, and owned jointly by the railways, the municipalities, and the Tilling and British Automobil Traction Companies“[2]. Auf alle Fälle ist bis heute ein wesentlicher Teil des bisherigen Wettbewerbs beseitigt worden. Die zukünftige Entwicklung wird nicht zuletzt von der kommenden Gesetzgebung, die gegenwärtig noch von der Royal Commission on Transport beraten wird, abhängen.

Man muß sich nur fragen, ob es für den von den Bahnen hauptsächlich eingeschlagenen Weg einer gesetzlichen Erlaubnis bedurfte. Aus dem Bericht des Ausschusses, der zur Beratung der Road Powers eingesetzt worden war, geht hervor, daß auch bloße Kapitalbeteiligungen an oder Vereinbarungen mit schon bestehenden Autobetrieben bisher nicht statthaft gewesen wären. Anderseits hätte jedoch der Staat gegen solche Beziehungen kaum etwas einwenden können, ganz abgesehen davon, daß es ein leichtes gewesen wäre, sie geheim zu halten[3]. Aber möglicherweise haben die Bahnen folgendermaßen gerechnet. Haben wir das Recht, unserm Konkurrenten damit auf den Leib zu rücken, daß wir mit eigenen Fahrzeugen die Straße befahren, so ist er eher für eine Ausschaltung der Wettbewerbsbetriebe zu haben, und zwar durch Abschluß von Abkommen usw., die für uns günstiger sind, als wenn wir ohne diese Waffe mit unsern Gegnern zu verhandeln beginnen.

Von den Ergebnissen dieser Entwicklung kann heute noch nichts genaueres berichtet werden. Bekannt ist nur soviel, daß zwischen einzelnen Auto- und Bahnlinien kürzlich durchgehende Fahrkarten eingeführt worden sind. Ähnliche Vorteile werden noch folgen.

Wir haben noch hinzuzufügen, daß die Autogesellschaften, die Fernverbindungen betreiben, bisher größtenteils unabhängig ge-

---

[1] Siehe den Nachtrag zur Anmerkung S. 111.

[2] The Statist, 26. Juli 1930, S. 127.

[3] Wie dies früher zwischen einzelnen Eisenbahngesellschaften in Großbritannien der Fall war. Ähnlich verhält es sich mit den Personentarifen der Eisenbahnen in den U. S. A. zwecks Umgehung der Bestimmungen des Antitrust Act. Vgl. dazu Johnson & Huebner, l. c. Bd. 2, S. 210.

blieben sind und es — nach Ansicht des Economist — in Zukunft auch bleiben werden[1].

Was den Wettbewerb im Güterverkehr anbetrifft, so ist es weniger das Auto besonderer Transportfirmen als der Lastwagen der einzelnen Fabrikations- oder Handelsunternehmung, der den Bahnen Verkehr wegnimmt. Darauf ist es wahrscheinlich zurückzuführen, daß bisher keine bedeutenden agreements mit den haulage contractors abgeschlossen worden sind[2]. Ihre Notwendigkeit ist allerdings auch deshalb geringer, weil die Bahnen schon von früher her mit einem bedeutenden Lastwagenpark ausgerüstet sind, der es ihnen ermöglicht, außer den schon bestehenden Zubringerdiensten — die übrigens durch die Einführung der sog. containers vermehrte Bedeutung bekommen — auf Grund der road powers besondere Autoverbindungen einzurichten, ohne daß dazu bedeutende Kapitalausgaben notwendig werden.

Fünftes Kapitel.

Kritik der Personenfahrpreise der englischen Eisenbahnen.

Vorbemerkung.

Es fehlt nicht an Stimmen, die die Personentarifpolitik der englischen Bahnen aufs schärfste kritisieren. Das ist begreiflich. Mehr als 150 Arten von Vergünstigungen ist eben doch etwas viel, nicht nur für den Käufer von Verkehrsleistungen, sondern auch für den Schalterbeamten und den Reklamechef! Anderseits hat man jedoch zu beachten.

---

[1] Die Bahnen werden deshalb gezwungen sein, die Geschwindigkeit ihrer Expreßzüge zu erhöhen, wenn sie keine Abnahme ihres Fernverkehrs gewärtigen wollen. (The Economist, 26. Okt. 1929. S. 758.) Warum die Bahnen gerade mit den Fernautobetrieben keine vertraglichen oder kapitalistischen Bindungen eingehen werden (werden können oder werden wollen), wissen wir nicht. Wahrscheinlich ist, daß es eben in erster Linie notwendig schien, die mengenmäßig bedeutendere Konkurrenz der Lokalautobetriebe (Bus-Companies) auszuschalten, daß aber nachträglich auch der Wettbewerb zwischen Bahn und Fernautobetrieb (Motor-Coaches) so gut wie möglich beseitigt werden wird Es ist allerdings zu beachten, daß gerade im Fernverkehr fortwährend neue Outsiders zu gewärtigen sind, wenigstens solange die Eisenbahnfahrpreise für große Entfernungen nicht wesentlich herabgesetzt werden. Vgl. auch: The Times, 17. April 1930, S. 15.

[2] The Economist, 26. Okt. 1929, S. 757. — Bezeichnenderweise ist auch in Deutschland, wegen der Vorherrschaft des nicht linienmäßig betriebenen Lastwagenverkehrs, ein „Zusammenarbeiten des letzteren mit den übrigen Verkehrsmitteln vollkommen zu vermissen.“ Vgl. darüber: Vogt: Deutsche Reichsbahn und neue Verkehrsgestaltung, Wirtschaftshefte der Frankfurter Zeitung. Nr. 6.

daß es nicht immer so bleiben wird. Vielmehr haben wir es mit einer Übergangsperiode, mit einer Art von Krisis zu tun. die bald ihrem Ende entgegengehen wird. Damit soll nicht gesagt sein, daß in Großbritannien eine Tarifpolitik kontinental-europäischer Art, ein starres, bürokratisches System Eingang finden wird. Dazu sind die Angelsachsen viel zu viel Business-Men.

Bevor wir die Personentarifpolitik als Ganzes einer Kritik unterziehen werden, seien zuerst einige Tarife einzeln unter die Lupe genommen.

I. Kritik einzelner Tarife.

1. Normaltarife. Wir wissen, daß sie nicht für alle Linien gleiche Sätze aufweisen. Sofern dies durch verschiedene Kaufkraft der Bevölkerung u. a. m. begründet ist, sind derartige Unterschiede, wenn nicht zu groß, einer starren ausnahmslosen Gültigkeit der Tarifsätze vorzuziehen.

Dagegen ist der englische Normaltarif als reiner Entfernungstarif abzulehnen. Wir haben schon angeführt warum: die Wertschätzung der Käufer steigt weniger als proportional zur Entfernung. Hätten die englischen Bahnen vor einigen Jahren ihre Normalsätze gestaffelt, so gäbe es heute weniger Fernautobetriebe, denn diesen wäre es nicht möglich gewesen, die Bahnfahrpreise derart zu unterbieten, wie sie es heute tatsächlich tun. Noch ist es für die Bahnen nicht zu spät, das Versäumte nachzuholen.

Man muß sich auch fragen, warum man, angesichts der fortwährenden Verkehrsabnahme, nicht auch zur Einführung einer allgemein geltenden ermäßigten Hin- und Rückfahrkarte geschritten ist[1]. Statt dessen hat man das System der Ausnahmerückfahrttarife weiter ausgebaut. Allem Anschein nach befürchten die englischen Bahnen, durch eine allgemeine

---

[1] Damit soll nicht gesagt sein, daß wir die Hin- und Rückfahrkarte ganz allgemein für eine zweckmäßige Einrichtung halten. Vielmehr sind wir der gleichen Ansicht wie Fischer, der eine Reihe von Gründen für und gegen die besondere Preisbemessung von Rückfahrten anführt. (Die Personenfahrpreise der Schweizerischen Bundesbahnen 1914—1920, Zürcher Volkswirtschaftliche Forschungen, Bd. 3, herausgegeben von Saitzew, Zürich 1924, S. 94—96.) — Speziell bei den englischen Bahnen spricht jedoch eine Reihe von Gründen für die Einführung einer allgemein gültigen Rückfahrkarte, wenigstens als vorübergehende Einrichtung. Wir haben nämlich zu beachten, daß das englische Publikum an eine besondere Preisermäßigung für Reisen, deren Rückfahrt nach kurzer Zeit stattfindet, gewohnt ist, und daß die englischen Bahnen, solange sie gegen die heftige Autokonkurrenz zu kämpfen haben, notgedrungen sich die Rückfahrt ihrer Reisenden zu sichern versuchen.

Preisermäßigung (sei es nun Einführung eines Staffeltarifs oder ermäßigten Rückfahrttarifs) würde ihnen eine gewisse Einnahme verloren gehen, die auf die hohe Wertschätzung einer (kleinen) Käuferschicht zurückzuführen ist, die gewillt ist, die hohen Normaltarife zu bezahlen. Inwiefern es damit seine Richtigkeit hat, sei der „Vermutung" englischer Fachleute überlassen.

Sicher ist, daß die Schicht von Normalkäufern fortwährend geringer wird. Sofern diese zu den Ausnahmekäufern abwandern, ist der Einnahmeverlust prozentual gering, wenn sie jedoch die Bahn ganz im Stich lassen und Autokunden werden, weil ihnen keiner der vielen Ausnahmetarife paßt, oder weil sie keine Lust haben, sich vor jeder Reise in den Bahnhöfen herumzuschlagen, um herauszufinden, welches wohl in dem betreffenden Moment die billigste Reisemöglichkeit sei, was dann?

2. Dauerkarten. Im großen ganzen ist hier nicht viel zu kritisieren. Ihren Käufern wird im allgemeinen mehr Aufmerksamkeit geschenkt als in andern Ländern, wenigstens was die eigentlichen Vorortreisenden anbetrifft. Eine besondere Dauerkarte für den Handelsreisenden fehlt eigentlich, denn die Trader's Season Tickets werden nur an Firmen abgegeben, die zugleich große Frachtmengen zu befördern haben. Diesem Übelstand könnte vielleicht am besten abgeholfen werden durch die Einführung von Generalabonnements[1] mit Gültigkeit in einzelnen Eisenbahndistrikten.

3. Arbeiterfahrkarten. Bei deren Darstellung wurde schon hervorgehoben, daß womöglich dem regelmäßig die gleiche Strecke befahrenden Arbeiter eine Dauerkarte verabfolgt werden sollte. Eine dementsprechende Tarifreform dürfte übrigens nach Ermäßigung der Normaltarife für Hin- und Rückfahrt eher möglich sein als heute, weil dann auch die Spesen derer, die nur gelegentlich zu Ortsveränderungen gezwungen werden, vermindert würden.

4. Tourist- und Week-end-Tarif. Beide bieten einen gewissen Ersatz für das Fehlen einer allgemein ermäßigten Hin- und Rückfahrkarte. Doch hat man zu beachten, daß ersterer nur für eine beschränkte Anzahl größerer Entfernungen in Frage kommt und zudem nur um 8,33 % gegenüber dem Normaltarif ermäßigt ist. Der Week-endtarif verursacht eine Frequenzsteigerung an Tagen, an denen der Personenverkehr ohnehin schon eine vermehrte Beanspruchung der Betriebs-

---

[1] So werden in der Schweiz jene Dauerkarten bezeichnet, deren Inhaber das Recht besitzen, während einer bestimmten Zeitdauer die Züge der Schweiz. Bundesbahnen und einer großen Zahl von Privatbahnen unbeschränkt zu benützen.

mittel aufweist. Anderseits ist es richtig, wenn die besonders große Elastizität der Nachfrage nach Week-end-Fahrten u. dgl. irgendwie ausgenutzt wird. Das Beste würde eine Kompromißlösung sein, bei der man das gegenwärtige System für große Strecken beibehalten, im übrigen jedoch durch die Einführung eines ermäßigten Hin- und Rückfahrttarifs eine Gleichhaltung der Preise auf mittlere und kürzere Entfernungen erlangen würde.

5. Der Tagesrückfahrttarif. Daran ist in erster Linie zu kritisieren, daß die Sätze im Verhältnis zu denen des Normaltarifs zu niedrig sind, und zwar nicht nur vom Standpunkt einer gewissen Rechtsgleichheit, sondern auch rein privatwirtschaftlich ist ein Preisverhältnis von 1 : 2 kaum empfehlenswert. Derartige Preisunterschiede vermögen die Reiselust nur ganz einseitig zu heben. Vor allem trifft dies zu für jene Fälle, wo dieser Ausnahmetarif nur zu ganz bestimmten Tageszeiten in Anwendung ist. Wo er uneingeschränkt für alle Hin- und Rückfahrten gilt, ist schon weniger gegen ihn einzuwenden. Man hat jedoch zu beachten, daß ein derartiger Tarif nur für kürzere Strecken, den engeren und weiteren Lokalverkehr in Frage kommen kann, denn sobald die einfache Fahrt mehr als 3—5 Stunden in Anspruch nimmt, fällt die Rückfahrt normalerweise nicht mehr auf den gleichen Tag. Infolgedessen wird der Fernverkehr, vorausgesetzt, daß er nicht durch einen besonderen Rückfahrttarif begünstigt wird, benachteiligt. Nun läßt sich allerdings der Fernverkehr etwas benachteiligen gegenüber dem Lokalverkehr, weil die Autokonkurrenz auf große Entfernungen weniger wirksam ist. Aber wo zieht man die Grenze zwischen diesen zwei Verkehrsteilen?

Nicht daß wir etwa die Preise für Hin- und Rückfahrten, für die dieser Ausnahmetarif in Kraft ist, als zu niedrig bezeichnen wollten, im Gegenteil! Diese niedrigen Tarifsätze können vielleicht gerade den Massenverkehr herbeiführen, der Vorbedingung einer gewissen Rentabilität ist. Nur dürfte es kaum von Nutzen sein, einem Reisenden, der erst am nächsten Tag seine Rückfahrt antreten kann oder gezwungen ist, eine Rundreise auszuführen, eine doppelt so hohe Wertschätzung zuzumuten. Das gleiche gilt von der ungleichen Behandlung von Käufern innerhalb eines Tags, je nachdem diese vor oder nach 10 Uhr an den Schalter treten, je nachdem sie mit dem Zug A oder B zu reisen haben.

Auch dieser Ausnahmetarif könnte durch die Einführung einer ermäßigten Hin- und Rückfahrkarte mit allgemeiner Gültigkeit ohne oder mit nur geringen Preiserhöhungen ausgeschaltet werden.

6. Die Sonderzüge und deren Tarife. Hierüber ließe sich sehr viel diskutieren, und zwar deshalb, weil man meistens nicht fest-

stellen kann, ob sich diese Züge lohnen[1]. Auf den Tarif allein kommt es hier nicht an, sondern auch darauf, wann und wohin Sonderzüge geführt werden. (Auch im Normalverkehr spielt natürlich die Menge der Leistungen, die Gestaltung des Fahrplans eine ganz wesentliche Rolle.) Prinzipiell ist die Veranstaltung von Sonderfahrten zu besonders ermäßigten Preisen zu befürworten. Nicht nur auf Grund ethischer Erwägungen, sondern weil dadurch vernünftige Verkehrsteigerungen möglich sind. Verfehlt ist es allerdings, übermäßig viele Sonderzugfahrten zu veranstalten, denn dann geschieht es doch nur auf Kosten des Normalverkehrs. So allgemein kann man über die Vor- und Nachteile der Sonderzüge nicht urteilen. Die Voraussetzungen dazu (Stärke des übrigen Verkehrs, Einstellung der Bevölkerung) sind eben geographisch verschieden. Auf einzelnen Linien werden in England außergewöhnlich viele Sonderzüge veranstaltet, und zwar — wie gezeigt worden ist — mit Preisermäßigungen bis zu 80 % der Normalsätze. Nun zahlen allerdings die meisten Benützer von Normalzügen nicht die volle Taxe, aber dennoch kommt es häufig vor, daß jemand einen fünfmal höheren Fahrpreis zu bezahlen gezwungen ist, als wenn ihm zufällig ein billiger Sonderzug zur Verfügung gestanden hätte. Derartige Preisunterschiede sind zu kraß!

II. Kritik des Tarifaufbaus.

Dadurch, daß wir die einzelnen Tarife auf ihre Zweckmäßigkeit hin geprüft haben, ist auch der gesamte Tarifaufbau einer Kritik unterzogen worden. Zum Zweck einer endgültigen Beurteilung der Personentarifpolitik ist es jedoch notwendig, 1. einen Gesamtvergleich der wichtigsten Tarife vorzunehmen und 2. die Ergebnisse der bisherigen Differentiation der Verkehrspreise in Berücksichtigung zu ziehen.

Was den ersten Punkt anbetrifft, so müssen wir uns zwar darauf beschränken, einige konkrete Beispiele herauszugreifen. Auch haben wir die entsprechenden Preise der Arbeiter- und Dauerkarten wegzulassen, erstere, weil sie für die ausgewählten Entfernungen nicht in Frage kommen, letztere, weil sie mit den Fahrpreisen für Einzelfahrten nicht vergleichbar sind[2].

Demnach gibt es Strecken, auf denen sechs Fahrpreise für eine und dieselbe Wagenklasse Geltung haben. Und zwar ist es möglich, daß alle Preise für Fahrten innerhalb der Zeit eines Tags in An-

[1] Vgl. 6. Kapitel, Abschnitt III, 3.

[2] Ein Vergleich der für kurze Strecken besonders in Frage kommenden Tarife ist bei der Behandlung des Arbeitertarifs durchgeführt worden (vgl. S. 75).

wendung kommen (Sonntags). Der eine Käufer — der Unwissende bezahlt z. B. für die Verbindung London—Clacton 17/10, der andere „begnügt sich“ mit 10/— sh. Dafür steht ihm ein Luxuswagen des schnellsten Zugs zur Verfügung. Der dritte schließlich, mit der geringsten Wertschätzung und — was ebenso wichtig ist — mit der größten Raffiniertheit, kommt für den Empfang der völlig gleichen Leistungen mit 5/— sh aus. Derartige Preisunterschiede gibt es nicht einmal zwischen den Warenpreisen eines Verkaufsladens im elegantesten und eines solchen im ärmsten Viertel einer Großstadt.

Vergleich der verschiedenen, auf bestimmten Strecken geltenden Fahrpreise für Hin- und Rückfahrten 3. Kl.

Strecken \ Tarifarten	Normalrückfahrt	Tagesrückfahrt in Pullmanexpress	Tourist.-ausflug	Weekendfahrten und Period Excursions	Sonderzugfahrten: Tagsausflug	Sonderzugfahrten: ½-Tagsausflug
Von London nach	sh/d	sh/d	sh/d	sh/d	sh/d	sh/d
Brighton	12/10	10/9	—	8/9[1]	6/5	5/9
Bournmouth	27/—	—	24/9	18/—	13/6	6/6
Clacton	17/10	10/0	16/6	12/—	8/11	5/—
Liverpool	49/6	—	—	33/—	—	10/—
Blackpool	56/10	—	52/3	38/—	17/6	11/6

Woher kommt es, daß sich die Leute diese undemokratische Preisbemessung überhaupt gefallen lassen und sich nicht dagegen wehren? Es scheint eben, daß „die Bahnen das Publikum gelehrt haben zu glauben, daß sie von ihm genau so viel verlangen, als es zu zahlen gewillt ist.“ So schreibt A. Brown[2] und illustriert die Preispolitik der englischen Bahnen folgendermaßen (auf Grund der Fahrpreise London—Weymouth und zurück): „I will sell you something for 35/8“, say the railways, and when we decline the offer they immediately quote 33/— sh. as their price. Again we decline and again the rate is reduced, this time to 24 sh. Finally, seeing that we remain obdurate, the railways fling out their arms, smile ingratiatingly, and say: ‚Pay 7/6 and we will give you everything you could have had for 35/8‘.“

Bevor wir die Richtlinien einer wünschenswerten, notwendigen und zugleich möglichen Tarifreform aufzeichnen, haben wir einige Zahlen anzuführen, die uns ein Bild von den Ergebnissen der bisherigen Tarifpolitik zu übermitteln vermögen. Was die mengenmäßige Bedeutung der einzelnen Ausnahmetarife anbetrifft, so wurden schon in Anschluß

[1] Vor der Einführung der Standardtarife gab es für diese Strecke noch eine weitere Differenz, indem der Preis einer Period Excursion auf 8/6, der einer Weekendfahrt dagegen auf 10/— angesetzt war (Normalrückfahrt: 12/8).

[2] l. c. Seite 60.

an ihre Darstellung — so weit möglich — statistische Angaben gemacht. Hier dagegen haben wir ein summarisches Verfahren einzuschlagen und die Schichten der Ausnahmekäufer (mit Ausnahme der Dauerkartenkäufer) zu einer Einheit zusammenzufassen. Dafür ist es eher möglich, die Dynamik zu berücksichtigen. Folgende Zusammenstellung soll darstellen, wie die Bedeutung des Normaltarifs seit der Nachkriegszeit fortwährend zurückgegangen ist.

Anzahl der Personenfahrten zu Normaltarifen in Prozenten der gesamten Personenfahrten[1] in den Monaten Januar und August 1922 bis 1928 auf der GWR & der LNER. (Nach den Monthly Railways Returns.)

	GWR		LNER	
	Januar	August	Januar	August
1922. . .	?	?	69[2]	67[2]
1923. . .	54	41	55	51
1924. . .	48	38	53	46
1925. . .	40	32	47	41
1926. . .	30	28	42	37
1927. . .	27	23	38	32
1928. . .	24	19	34	23

Danach also hat die Anzahl von Normalkäufern stets abgenommen, und zwar während der Monate August um mehr als die Hälfte. Graphisch dargestellt, erhalten wir eine fortwährend absteigende Kurve, selbst dann, wenn wir die Quartalsergebnisse eintragen, wie folgende Tabelle zeigt.

Anzahl der zu Normaltarifen ausgeführten Reisen in Prozenten der Gesamtreisendenzahl während der letzten zwei Jahre. (Nach den Monthly Railway Returns.)

	GWR	LNER	LMSR	SOUTHERN
4. Quartal 1926	30	39	29	44
1. „ 1927	26	37	26	41
2. „ 1927	25	35	24	41
3. „ 1927	24	33	23	39
4. „ 1927	24	35	23	39
1. „ 1928	23	32	21	36
2. „ 1928	21	29	19	34
3. „ 1928	19	23	18	32
4. „ 1928	19	23	17	31
Abnahme in % . . .	37	42	41	30

[1] Ausschließlich der mit Dauerkarten ausgeführten Fahrten.

[2] Die Zahlen von 1922 beziehen sich nur auf das Netz der ehemaligen North Eastern Rly Comp.

Wenn die Entwicklung im gleichen Schritt weitergeht, so fahren Ende 1930 nur noch etwa 12 % der Reisenden zu Normaltarifen und alle übrigen bezahlen einen Fahrpreis, der meist um mindestens 50 % ermäßigt ist. Heute schon ist der Anteil der Normalkäufer in einzelnen Netzgebieten sehr weit hinabgesunken, und zwar besonders während des Jahrs 1928, so z. B.[1] in der

1. North Eastern Area der LNER von 31 % (Jan. 1928) auf 8 % (Dez. 1928),
2. North Scottish Area der LNER von 52 % (Jan. 1928) auf 19 % (Dez. 1928).

Dies ist hauptsächlich eine Folge der Rail Cuts (materiell: Herabsetzung des Normaltarifs, vgl. 3. Kap. I, 3).

Die hier angeführten Zahlen beziehen sich nur auf die Anzahl der Fahrten, ohne Rücksicht auf ihre Länge. Die einzig vollwertige Vergleichsgrundlage stellen die Personenmeilen dar. Diese jedoch werden nur für die Monate September berechnet und vermitteln uns deshalb nur ein lückenhaftes und zufälliges Bild von der Dynamik der Reisendenschichten. Dafür eignen sie sich besser, um darzustellen, welche Ausnahmetarife an Bedeutung zugenommen haben, und sind unentbehrlich zur Berechnung der durchschnittlichen Reiseentfernung und der Einnahmen für die Streckeneinheit: (Siehe Tabelle S. 653.)

Kurz zusammengefaßt, können aus dieser Tabelle folgende Ergebnisse abgelesen werden: Die Summe aller durchfahrenen Personenmeilen war im September 1927 noch auf gleicher Höhe wie im September 1923. Doch sind einzelne Monatsergebnisse mit Vorsicht zu beurteilen. Was diese Tabelle hauptsächlich zeigen soll, sind die verhältnismäßigen Veränderungen der einzelnen Reisendenschichten. Daß die Normalkäuferschicht abgenommen hat, wissen wir schon aus den Zusammenstellungen über die Zahl der Fahrten. Diese zwar weist einen größeren Rückgang auf als die Meilenzahl der Monate September. Wie uns die Tabelle belehrt, hat nämlich die durchschnittliche Reiseentfernung der Normalkäufer von 15,4 auf 18,6 Meilen zugenommen. Die Einnahme für die Strecken ist dagegen gleich geblieben, weil die Normalsätze von 1923 bis Ende 1927 keine Veränderungen erfahren haben.

Über die Arbeiter-, Dauerkarten- und „verschiedene“ Tarife können wir uns kurz fassen. Die Mengen sind auch hier mehr oder weniger zurückgegangen. Warum die Reiseentfernung der zu „verschiedenen Tarifen“ beförderten Personen zugenommen hat, ist uns nicht bekannt.

Wichtig ist, daß die Sammelschicht der Tagesrückfahrt-, Sonderzug-, Weekend- und Period-Excursion-Käufer eine Zunahme erfahren hat. Des-

[1] Monthly Railway Returns, 1928.

halb ist die gesamte Verkehrsmenge nicht zurückgegangen. Zurückgegangen aber ist (als Folge der erwähnten Zunahme) die Einnahme für die Streckeneinheit des Gesamtverkehrs. Diese Entwicklung hat noch nicht ihren Abschluß gefunden, wie aus den monatlichen Betriebsergebnissen, die jeweils eine Zunahme der Fahrten, aber eine Abnahme der Einnahmen zeigen, geschlossen werden kann.

Veränderungen der Bedeutung einzelner Tarife, der durchschnittlichen Reiseentfernung und der Einnahmen für die durchfahrene Meile.
(Die Zahlen beziehen sich auf die vier großen Eisenbahngesellschaften.)[1]

	Normaltarife = Full Fares	Tagesrückfahrt-, Sonderzugs-, Weekend-, Period-Exc.-Tarife	Arbeitertarife	Dauerkartentarife[2]	Verschiedene andere[3]	Total
1. Personen-Meilen:						
Sept. 1923, absol. i. Taus.	600 300	317 697	120 314	347 723	120 312	1 672 138
„ 1923, relativ . . %	35,9	19,0	7,2	20,8	7,2	100,0
„ 1925, absol. i. Taus.	528 833	477 407	120 654	345 306	121 572	1 822 131
„ 1925, relativ . . %	29,0	26,2	6,6	18,9	6,7	100,0
„ 1927, absol. i. Taus.	441 362	426 250	112 599	322 034	109 501	1 666 779
„ 1927, relativ . . %	26,5	25,6	6,8	19,3	6,6	100,0
2. Durchschnittl. Reiselänge:						
Sept. 1923. . . . Meilen	15,4	22,4	5,83	9,7	16,6	14,0
„ 1925. . . . „	16,9	22,2	5,85	9,8	20,1	15,0
„ 1927. . . . „	18,6	19,9	5,9	9,8	23,0	15,2
3. Einnahme für 1 Meile:						
Sept. 1923. . . . . . d.	1,46	0,81	0,53	0,46	0,71	0,95
„ 1925. . . . . . „	1,46	0,72	0,53	0,46	0,65	0,89
„ 1927. . . . . . „	1,46	0,70[4]	0,53	0,46	0,65	0,86[5]

Wir wissen, daß die Verschlechterung der Betriebsergebnisse hauptsächlich die Folge der Tarifpolitik ist, und daß diese ihrerseits auf die Automobilkonkurrenz zurückgeführt werden muß. Der Wettbewerb des Kraftwagens hat die englischen Bahnen gezwungen, den Durchschnittsertrag einer Leistungseinheit zu verringern. Dies geschah nicht durch Tarifermäßigungen schlechthin (denn solche wurden

[1] Nach den Monthly Railway Returns und der Tabelle 8 in Wood and Sherrington: The Railway Industry of Great Britain, 1927, London and Cambridge Economic Service, Special Memorandum, January, 1929.

[2] Geschätzte Zahlen.

[3] Mit Ausnahme der Tourist's & Trader's Season Tickets.

[4] Sept. 1928: 0,68.

[5] Sept. 1928: 0,83 (nach Economist, Railways and the Roads, 19. Oktober, 1929).

nur vereinzelt vorgenommen), sondern durch eine fortwährende Vermehrung und Ausbreitung der Ausnahmetarife. War und ist dies die richtige Methode? Gab es keinen Ausweg, um zu verhindern, daß eine Vergünstigung auf der Linie A in Kraft ist, auf der Linie B dagegen nicht, daß für absolut gleiche Leistungen an einem Wochentag doppelt so viel bezahlt werden muß als an einem andern, daß, wie Brown[1] sich treffend ausdrückt, „the man who will not pay a fare that is absurdly high may travel at a fare that is absurdly low?"

Wenn es auch offensichtlich ist, daß die englischen Bahnen vielfach eine Tarifpolitik geführt haben, die als unbegründet, unpraktisch und deshalb auch als erfolglos bezeichnet werden muß, so ist es anderseits nicht sehr einfach, zu sagen, was angesichts des ungeheuren und ungleichmäßigen Wettbewerb des Kraftwagens — Besseres hätte vorgenommen werden können, um ohne Risiko große Verluste zu vermeiden. Hingegen ist es leichter, auszuführen, was für Tarifreformen jetzt, nachdem man Erfahrung sammeln konnte, durchgeführt werden sollen und können. Wir haben unserer Ansicht schon bei der Kritik der einzelnen Tarife Raum gegeben. Hier seien noch in einer Zusammenfassung die Richtlinien einer Reform der englischen Personentarife, wie sie uns als notwendig und möglich erscheint, wiedergegeben.

1. Herabsetzung und Staffelung der Sätze des Normaltarifs[2]. Zweck dieser Maßnahme soll sein, den Unterschied der Preise für einfache Fahrten, der heute zwischen Bahn und Auto besteht, zu vermindern, und die Zahl von Normalkäufern zu heben. Heute beträgt der Normalsatz der 3. Kl. 1,5 d. für 1 M. Seine Herabsetzung auf

1,2 d. für 1 M. für kurze Entfernungen,
1,0 d. „ 1 „ „ mittlere Entfernungen und
0,8 d. „ 1 „ „ große Entfernungen

könnte ohne großes Risiko vorgenommen werden.

2. Gleichzeitige Einführung einer allgemein geltenden Ermäßigung für Hin- und Rückfahrten[3]. Dabei könnte man

[1] l. c. S. 65.

[2] Es ist bemerkenswert, daß sogar ein Direktor einer der größten Autobetriebsgesellschaften in einem Vortrag am diesjährigen Kongreß des Institute of Transport (10. Juli 1930) sich zum Problem der Eisenbahnpersonentarife folgendermaßen geäußert hat: „Should the railway companies find it possible further to reduce their long-distance fares and make a profit, I for one — and I am speaking now as a long-distance road operater — would welcome it, as I am firmly convinced that it would add materially to the great and ever increasing volume of passenger traffic all over the country, both by rail and road." Abgedruckt in Modern Transport, 19. Juli 1930, S. 34.

[3] Vgl. Anmerk. zu Abschnitt I, 1 dieses Kapitels.

den Rabatt auf die doppelte Höhe der einfachen Fahrpreise, vorerst auf 20 % beschränken, um ihn dann nachträglich, wenn es ratsam erscheint, auf z. B. 30 % zu erhöhen. Möglich würde dadurch

3. die Aufhebung des Tourist-, Week-end, Period-Excursion- und Tagesrückfahrttarifs. Alle vier Tarife werden nämlich überflüssig. Die Preise für Tagesrückfahrten werden zwar dadurch etwas erhöht werden, dafür verschwindet das unzulängliche System der regionalen und zeitlichen Verschiedenheiten. Die Preise der übrigen Hin- und Rückfahrten erfahren durchweg eine Ermäßigung, und zwar für große Strecken eine ganz beträchtliche[1].

Wird eine solche Tarifreform nicht gleichbedeutend mit einer Verminderung der Betriebseinnahmen sein? Das ist die Frage, die sich hier aufdrängt. Wir glauben es nicht, denn wenn auch ein gewisser Prozentsatz niedrigere Preise bezahlen wird, so dürfte es anderseits möglich sein, einen Teil des zum Auto abgewanderten Verkehrs zurückzugewinnen. Zudem wird eine Vereinfachung des Tarifaufbaus an sich die Reiselust wesentlich heben. Jetzt beträgt die Einnahme für die Streckeneinheit der zu Normaltarifen ausgeführten Reisen 1,46 d. Durch die angeführte Reform würde nun allerdings diese Größe auf etwa 1,0 bis 1,2 für einfache und 0,7—0,9 d. für Hin- und Rückfahrten hinabgedrückt (unter Mitberücksichtigung der Fahrten in der ersten Klasse). Weil sich aber diese Minderung der Einnahmen nur auf ein Viertel des Gesamtverkehrs bezieht, wird das Gesamtresultat nicht stark beeinträchtigt. Im übrigen besteht auch die Möglichkeit, die höhere Wertschätzung für große Geschwindigkeiten im Fernverkehr durch

---

[1] Folgende Beispiele geben einen Vergleich der neuen mit jetzt geltenden Fahrpreisen:

	London — Southend		London — Brighton		London — Edinburgh	
	jetzt	neu	jetzt	neu	jetzt	neu
1. einfache Fahrten . . .	3/6	2/10	6/5	4/3	49/6	26/4
2. Hin- und Rückfahrten						
a. Normalrückfahrt . .	7/-	4/6	13/-	6/10	99/-	42/3
b. Week-endfahrt	4/9		8/9		66/-	
c. Period Excursion						
d. Tagesrückfahrt . . .	3/6		6/5		24/-	

Die durch diese Reform verursachte starke Preisermäßigung für große Strecken könnte eventuell dadurch abgeschwächt werden, daß die allgemeine Rückfahrtermäßigung auf kurze und mittlere Entfernungen beschränkt würde, während für große Entfernungen das bisherige System der Weekend- und Touristenermäßigung beibehalten würde, oder daß eine geringere Staffelung gewählt würde (z. B. 1,2; 1,1; 1,0 d).

die Erhebung eines Schnellzugzuschlags auszunützen. Gegebenenfalls wird es notwendig sein, die Käufer von Hin- und Rückfahrtkarten von der Zulassung zu den Vorortzügen während des größten Andrangs auf einzelnen Linien auszuschließen. Auch der Beibehaltung und Neueinführung gewisser Konkurrenztarife sollte durch das Gesetz, durch das eine Reform des Tarifaufbaus und der Tarifsätze geschaffen worden ist, nichts in den Weg gestellt werden.

Zum Schluß sei noch die Frage aufgeworfen, ob nicht durch die teilweise Ausschaltung der Autokonkurrenz, die seit der Gewährung der Road Powers stattgefunden hat und noch weiterhin vor sich gehen wird, die Notwendigkeit einer Tarifreform beseitigt worden ist. Dazu ist einmal zu bemerken, daß auch bei einer Zurückgewinnung des verlorengegangenen Verkehrs die großen und zahlreichen Preisunterschiede ohne Risiko nicht gut beseitigt werden können, weil sich dadurch Preiserhöhungen ergeben würden. Eine Vereinfachung des gegenwärtigen Tarifaufbaus ist aber auf alle Fälle wünschenswert. Sodann muß geltend gemacht werden, daß ohne eine Herabsetzung der Fahrpreise für mittlere und große Strecken es nie möglich sein wird, den Massenverkehr heranzubilden, der nun einmal die Grundlage eines angemessenen Ertrags der Eisenbahn ist. Außerdem hat man zu beachten, daß, wenn auch die Bahnen versuchen, durch vertragliche oder finanzielle Zusammenschlüsse mit den jetzt bestehenden Autobetrieben die Preise hochzuhalten, Unternehmungslustige immer wieder bereit sein werden, neue Verbindungen einzurichten und mit den bestehenden in Wettbewerb zu treten. — Schließlich kann man die Notwendigkeit einer Herabsetzung der Normaltarife auch damit begründen, daß die Kaufkraft der englischen Bevölkerung, als Folge der zunehmenden Arbeitslosigkeit, z. T. stark abgenommen hat. Die zahlreichen Ausnahmetarife entsprechen dieser Tatsache in nur ganz unzulänglicher Weise.

Sechstes Kapitel.

Die Bedeutung des Personenverkehrs für den Finanzhaushalt der englischen Eisenbahnen.

Vorbemerkung.

Die Einnahmen aus dem Personenverkehr sind für viele Bahnen, insbesondere auch für die englischen, von großer finanzieller Bedeutung. Deshalb wollen wir im folgenden noch kurz auf das Problem der Einnahmen, der Kosten und der Rentabilität des Personenverkehrs eingehen. Von Rechts wegen gehörte dieses Kapitel an den Anfang einer tarifarischen Untersuchung. Es mußte aber von uns ans Ende gestellt werden, weil ohne die Kenntnis der englischen Personentarifpolitik die nachstehenden Ausführungen zum Teil unverständlich wären.

I. Die Einnahmen aus dem Personenverkehr.

Die Einnahme aus einem Warenverkauf ist gleich dem Quotient aus Preis und verkaufter Warenmenge. Diese Abhängigkeit trifft auch zu beim Verkauf der Ware „Verkehrsleistung". Während jedoch die Preise von Gütern gleicher Qualität in einem bestimmten Zeitpunkt und an einem bestimmten Ort im allgemeinen nicht voneinander abweichen, weisen die Preise für gleiche Verkehrsleistungen auf einer und derselben Linie gleichzeitig ganz beträchtliche Unterschiede auf (nicht überall, am ehesten dann, wenn eine Privatbahn in ihrer Tarifpolitik durch Tarifgesetze nicht stark behindert ist, wie in Großbritannien). Dies ist bei der Beurteilung der Dynamik der Einnahmen vor allem dann von Bedeutung, wenn die einzelnen Preise z. T. größere Verkehrsschichten betreffen, wie dies bei den englischen Bahnen der Fall ist.

Die Einnahmen aus dem Personenverkehr der vier großen Eisenbahngesellschaften weisen von 1923 an folgende Entwicklung auf. Vergleichsweise ist auch das Vorkriegsresultat von 1913 beigefügt.

Einnahmen aus dem Personenverkehr (in Millionen Pfd. Sterl.):

1913	41,3	(= 100 %)	
1923	68,9	(= 167 %)	
1924	70,1	(= 170 %)	
1925	68,8	(= 167 %)	
1926	(60,6)	(= 147 %)	(Generalstreik!)
1927	63,5	(= 154 %).	

Die Zunahme der Einnahmen von 1913 bis 1923 ist natürlich die Folge der während dieser Zeit vorgenommenen Tariferhöhungen. Letztere betrugen allerdings im Durchschnitt weniger als 67 %. (Erhöhung der Normaltarife von 1913 bis 1923 rund 50 % (3. Kl.) und rund 25 % (1. Kl.), Dauerkarten 60 % (Entfernungen unter 12,5 M) und 70 % (Entfernungen 12,5 M und darüber). Es ist deshalb anzunehmen, daß die Verkehrsmenge während der betr. 10 Jahre eine gewisse Zunahme erfahren hat.

In der Entwicklung von 1923 bis 1927 können wir hier eine Abnahme der Einnahmen von 68,9 auf 63,5 Millionen oder um 7,84 % feststellen. Diese Veränderung ist charakteristisch nicht nur für die Zeit der letzten Jahre, sondern auch für die unmittelbare Gegenwart und wahrscheinlich auch für die nächste Zukunft. Was ist die Ursache? Sind die Preise im Sinken begriffen? Ja und nein! Die Tarife schlechthin haben seit 1923 keine merklichen Veränderungen erfahren. Aber es sind neue ermäßigte Tarife eingeführt, und der Geltungsbereich schon bestehender Ausnahmen ist erweitert worden.

Infolgedessen hat sich das Preismengenverhältnis ganz beträchtlich verändert. Wie aus der 4. Tabelle des 5. Kap. (II) hervorgeht, ist in der Zeit vom September 1923 bis September 1927

die Bedeutung der Normalkäuferschicht, ausgedrückt in Personen-M.

von 600 Millionen
auf 441 Millionen, d. h. um 26 %

zurückgegangen. Demgegenüber hat

die Zahl der zu Ausnahmetarifen gefahrenen Personen-M.

von 318 Millionen
auf 426 Millionen, d. h. um 34 %

zugenommen[1].

Diese Veränderungen haben hauptsächlich den Rückgang der Einnahmen von 1923 bis 1927 um 7,84 % bewirkt. Seither hat sich die Entwicklung im gleichen Sinn fortgesetzt. Wie aus den Monatstatistiken ersehen werden kann, weist die Normalkäuferschicht fast ausnahmslos von Monat zu Monat eine Abnahme auf, während die übrigen Reisendenschichten als Ganzes in Zunahme begriffen sind. Das finanzielle Endresultat ist eine fortwährende schwache Abnahme der Einnahmen aus dem Personenverkehr.

Nachdem es nun gelungen ist, die Autokonkurrenz teilweise auszuschalten, sollte es möglich sein, den bisherigen Ertragsrückgang abzubremsen oder sogar einen gewissen Prozentsatz der verloren gegangenen Einnahmen zurückzugewinnen.

II. Die Einnahmen des Personenverkehrs im Vergleich zu denen des Güterverkehrs.

Damit bietet sich uns Gelegenheit, zu zeigen, welche Bedeutung dem Personenverkehr als Teil des Gesamtverkehrs etwa zuzuschreiben ist. Dieses etwa hat seine Berechtigung, denn außer den Einnahmen sollten hierfür auch die Kosten des Personenverkehrs und dessen Ren-

[1] Diese Zahlen beziehen sich nur auf folgende Ausnahmetarife: Tagesrückfahrt-, Sonderzug-, Weekend- und Period-Excursiontarif.

tabilität in Berücksichtigung gezogen werden. Aber es handelt sich hier um zwei Größen, die nicht oder nicht genau berechenbar sind. Es betrugen im Jahr 1927 bei den vier großen Gesellschaften[1]:

	SOUTHERN	GWR	LMSR	LNER	Total der vier Hauptbahnen
die Einnahmen aus dem Personenzugverkehr in % der gesamten Verkehrseinnahmen	73,42	42,12	39,61	35,64	43,04
die Einnahmen aus dem Güterzugverkehr	26,58	57,88	60,39	64,36	56,96
	100,00	100,00	100,00	100,00	100,00
die Einnahmen aus dem Personentransport in % der gesamten Verkehrseinnahmen	62,81	31,95	30,97	27,26	33,99
die Einnahmen aus dem gesamten Güter-, Gepäck- und Postverkehr	37,19	68,05	69,03	72,74	66,01
	100,00	100,00	100,00	100,00	100,00

Oben sind die Einnahmen aus allen in Personenzügen ausgeführten Transporten den Einnahmen des Güterzugverkehrs gegenübergestellt, unten dagegen sind die Einnahmen aus der bloßen Personenbeförderung in Prozenten der Gesamteinnahmen (ausschließlich der Einnahmen aus Nebengeschäften) wiedergegeben. Aus dieser doppelten Aufteilung geht hervor, daß die Personenzüge eine ganz wesentliche Einnahme einbringen, daß diese aber nur z. T. durch den eigentlichen Personentransport aufgebracht wird. Die Einnahmen aus den in Personenzügen beförderten Gütern, aus dem Gepäck- und Postverkehr sind eben in den erstgenannten Prozentzahlen inbegriffen. Diese Tatsache ist schon oft übersehen worden, möglicherweise auch von Sherrington[2], sonst würde er wahrscheinlich nicht behaupten: „in the 4 large british groups which are the subject of this book the proportion (of railway receipts) due to passenger traffic is much greater than in the U. S. A., Canada, France, or other foreign countries, or Dominions.“ In Wirklichkeit nämlich

[1] Nach den Railway Returns for 1927.

[2] Economics of Rail Transport in Great Britain, Bd. 2, S. 43.

wird diese proportion von Bahnen anderer Länder sogar überboten, wie folgende Zusammenstellung zeigt.

Einnahmen aus der Personenbeförderung in Prozenten der Gesamtverkehrseinnahmen:

Southern (Großbrit.)	(1927)	62,8 %
Japanische Bahnen	(1926/27)	53,3 %[1]
Holländ. Bahnen (alle)	(1926)	52,0 %[1]
Norweg. Bahnen (alle)	(1926/27)	46,2 %[1]
Schweiz. Bundesbahnen	(1927)	38,6 %[2]
Italien. Staatsbahnen	(1926/27)	34,6 %[1]
4 engl. Hauptbahnen	(1927)	34,0 %
GWR. (Großbrit.)	(„)	31,9 %
LMSR. (Großbrit.)	(„)	31,0 %
LNER. (Großbrit.)	(„)	27,3 %

Demnach ergibt eigentlich nur bei der Southern der Personenverkehr einen verhältnismäßig hohen Anteil der Einnahmen, während bei den anderen drei Gesellschaften davon kaum die Rede sein kann. Daß gerade bei der Southern das Verhältnis der zwei Verkehrsteile ein außergewöhnliches ist, kommt daher, daß diese Gesellschaft schwach industrialisierte Gegenden durchfährt, daß sie den Großteil des Verkehrs zwischen Großbritannien und dem Festland bewältigt, und daß ihr ein wesentlicher Teil des südlichen Londoner Vorortverkehrs zufällt. Diese zwei letztgenannten Faktoren sind auch deshalb beachtenswert, weil sie durch die Automobilkonkurrenz nicht stark beeinträchtigt werden, und auf sie ist es — wenigstens teilweise — zurückzuführen, daß von den vier Gesellschaften die Finanzlage der Southern die beste ist[3].

---

[1] Berechnet auf Grund der Zusammenstellung von Thompson in Railway Statistics of the U. S. A. for the year 1927 (Bureau of Railway News & Statistics, Chicago). Es wurden dabei nur die Receipts from Freight und die Receipts from Passengers berücksichtigt. Die obigen Prozentzahlen beziehen sich auf die Summe dieser zwei Verkehrsteile, also ausschließlich der Nebeneinnahmen.

[2] Nach dem Geschäftsbericht der Schweiz. Bundesbahnen. Wie bei den übrigen Berechnungen wurden auch hier die verschiedenen Einnahmen nicht als Verkehrseinnahmen beurteilt.

[3] Kürzlich wurde die Lage der Southern in einem redaktionellen Artikel des Modern Transport (2. März 1929) als exceptionally favourable bezeichnet.

III. Die Kosten des Personenverkehrs.

Es dürfte allgemein bekannt sein, daß eine Ausscheidung der Kosten auf die beiden Verkehrszweige, Güter- und Personenverkehr, nicht durchführbar ist. Das schließt nicht aus, daß Schätzungen über die ungefähre Höhe der Kostenteile möglich sind, nur sollten die Schätzungen nicht als „Berechnungen" hingestellt werden, wie es bisweilen geschieht. Wir wollen hier nicht wiederholen, was von anderer Seite ausführlich über das Kostenproblem schon geschrieben worden ist[1]. Auf alle Fälle kennt man die Kosten des Personenverkehrs nicht. Das hindert uns aber nicht, an Stelle einer zahlenmäßigen, eine umschreibende Darstellung der Kosten und einzelner Kostenbestandteile zu geben. Es handelt sich dabei vor allem darum, einige Charakteristika des englischen Personenverkehrs hervorzuheben.

1. Feste Anlagen. Zum Teil sind die hohen Kapitalinvestitionen der englischen Bahnen besonders dem Personenverkehr zuzuschreiben, denn gerade auf diesem Gebiet wurden vielfach wegen des Wettbewerbs unter den Bahnen Anlagen gebaut, die keinen dem Kapitalaufwand entsprechenden Mehrertrag zur Folge hatten (z. B. kostspielige Abkürzungslinien zur Verkürzung der Fahrzeiten). Allerdings hätte ein Teil solcher Bauten später doch vorgenommen werden müssen, damit der zunehmende Verkehr bewältigt werden konnte. Gewisse Anlagen (besonders Bahnhöfe) hätten aber nach den Wettbewerbskämpfen zweckmäßiger errichtet werden können, was auch auf die unmittelbaren Betriebskosten von günstigem Einfluß gewesen wäre (weniger Stationspersonal). Hier handelt es sich um frühere Verfehlungen, die auch heute noch das Kostenkonto des Personenverkehrs belasten.

2. Bewegliche Anlagen. Die Aufwendungen für Rollmaterial werden hauptsächlich durch die Menge und Güte der Leistungen bestimmt. Die erstere ist bei den englischen Bahnen verhältnismäßig groß, denn diese führen im allgemeinen mehr und dafür kürzere Züge als andere Bahnen mit ungefähr gleicher Reisendenfrequenz. In einem gewissen Grad hängt die große Zahl der Leistungen im Personenverkehr auch ab von dem Vorhandensein von Parallellinien. Damit hängt es eben zusammen, daß die Leistungskonkurrenz (= competition of facilities) selbst heute noch

---

[1] Es sei besonders auf die Ausführungen von Fischer, l. c. S. 28—40 und Sax, l. c. 3. Bd., S. 366 verwiesen.

vorzufinden ist. Demgegenüber ist allerdings hervorzuheben, daß Durchgangszüge über die Netze verschiedener Gesellschaften nur spärlich geführt werden[1].

Auch in der Güte ihrer Leistungen überragen die englischen die meisten übrigen Bahnen (wenn auch nicht immer in dem Maß, wie es englische Fachleute oft zu beurteilen pflegen). Wir haben an anderer Stelle schon hervorgehoben, daß selbst die 3. Wagenklasse äußerst komfortabel eingerichtet ist (Polsterung). Ebenso sehr wie hierdurch werden die Kapital- und Betriebskosten vermehrt durch das Mitführen von Speisewagen in nahezu allen Schnellzügen. Alle vier Gesellschaften besaßen Ende 1927 zusammen mehr als 600 Speisewagen (die Küchenwagen nicht mitgerechnet)[2].

Wir halten uns nicht für zuständig, auch über die Wirtschaftlichkeit der Triebfahrzeuge zu berichten. Es ist selbstverständlich, daß die rasche Zugfolge der englischen Bahnen eine große Zahl von Lokomotiven zur Voraussetzung hat, deren Unterhaltungskosten wegen der großen Geschwindigkeiten zudem besonders hoch sein dürften[3]. In neuerer Zeit wurde (besonders von der LNER.) eine beträchtliche Zahl von Motortriebwagen angeschafft, um die Zugfolge auf gewissen Linien erhöhen zu können (Autokonkurrenz!).

3. Betriebführung. Es wurde oben schon erwähnt, daß die Zugfrequenz verhältnismäßig groß ist. Diese verursacht nicht nur hohe Kapital-, sondern auch erhöhte unmittelbare Betriebskosten (auch schlechthin Betriebskosten genannt)[4]. Im ganzen jedoch sind die Betriebskosten der englischen Bahnen — immer sind hier nur die Kosten des Personenverkehrs gemeint — als verhältnismäßig niedrig zu veranschlagen. Dies hat seinen Grund z. T. gerade in der hohen Kapitalintensität der Betriebsanlagen (sehr wenige Schienenübergänge, erhöhte Bahnsteige, rasche Abfertigung des Gepäckverkehrs, usw.). Anderseits ist —

---

[1] Sherrington, l. c. S. 73, Bd. 2: „In the majority of cases passengers have to change carriages when transferring from one line to another, although possessing through tickets, since the amount of through traffic will not warrant through trains."

[2] Wood & Sherrington, l. c. S. 9.

[3] Frahm, der die englischen Bahnen vom technischen Standpunkt beurteilt hat, ist ebenfalls der Ansicht, daß die Herstellungs- und Unterhaltungskosten der englischen Lokomotiven relativ hoch sein müssen (l. c. S. 288).

[4] Vgl. auch die besondere Ansicht von Marshall, Trade and Industry, S. 453.

und zwar mit Recht — schon vielfach die Ansicht geäußert worden, daß durch gewisse Rationalisierungsmaßnahmen noch ganz wesentliche Ersparnisse erzielt werden könnten[1]. Damit kommen wir wieder auf die Leistungskonkurrenz zu sprechen. Auf diese nämlich sind u. E. die „Non-Stop-Runs“, die Schnellzüge zwischen London und Schottland (die auf Strecken bis zu 400 Meilen nicht anhalten) zurückzuführen. Die Reklame beweist uns, daß eben die alte Rivalität zwischen den einzelnen Gesellschaften immer noch fortlebt, obschon in neuerer Zeit Anstrengungen gemacht werden, den Wettbewerb des Autos gemeinschaftlich zu bekämpfen. Wenn auch eine kleine Dosis von Wettbewerb sich vorteilhaft auswirken kann, so wäre es doch an der Zeit, die Parallelführung von Luxus-Expreßzügen (und ähnliches mehr) zum Zweck von Betriebseinsparungen abzuschaffen, um so mehr, als — wie von technischer Seite nachgewiesen worden ist — die Führung von gewöhnlichen (statt Luxus-) Schnellzügen keine Verminderung der Reisegeschwindigkeit zur Folge hätte[2].

Es ist klar, daß die vermehrte Führung von Sonderzügen die Betriebsausgaben ganz wesentlich erhöht, was um so mehr ins Gewicht fällt, als die Normalleistungen nicht dementsprechend vermindert werden können. Im Gegensatz zu Obigem handelt es sich aber hier um Mehrausgaben, die durch die Tarifpolitik bedingt sind. Wir verweisen deshalb auf die Kritik der englischen Ausnahmetarife. Hier sei nur auf eine besondere Frage hingewiesen. Es ist schon die Ansicht geäußert worden, die Führung von Sonderzügen (zu ermäßigten Tarifen) lohne sich, wenn die daraus erzielten Einnahmen die Mehrkosten decken. Diese These ist falsch. Sie wäre nur unter der Bedingung richtig, daß sich unter den Käufern der Sonderzugleistung niemand befinden würde, der die Bahn auch gegen Bezahlung eines höheren (Normal-) Fahrpreises sowieso in

---

[1] Vor kurzem hat sich der bekannte Eisenbahnkritiker Lord Monkswell folgendermaßen geäußert: „The L. N. E. R. and its constituent companies have lately thought fit to put an immense amount of capital into building 57 Pacific lokomotives, while there are certainly not more than six trains on their whole system which require a pulling power even remotely approaching that which these engines should be able to furnish.“ State Railways, The Organ of the Railway Nationalisation Society, January 1929.

[2] Die Geschwindigkeit der „Non-Stop-Runs“ ist nämlich nicht übermäßig groß, entweder um an Kohle zu sparen oder mit Rücksicht auf ein jetzt geltendes Abkommen früherer Gesellschaften, die Geschwindigkeit der Expreßzüge zwischen England und Schottland nicht über eine gewisse Grenze hinaus zu steigern. Vgl. Modern Transport, 30. Nov. 1929, S. 21, und 1. Febr. 1930, S. 2.

Anspruch genommen hätte. Tatsächlich jedoch findet meistens eine ganz wesentliche Abwanderung von Normalkäufern zu Sonderzugkäufern statt, und deshalb kann nicht berechnet werden, ob die Führung eines Sonderzugs verlust- oder gewinnbringend gewesen sei.

4. Die Reklame. Schon aus der Darstellung der Ausnahmetarife ging hervor, daß die Personentarifpolitik der englischen Eisenbahnen mit einem großen Aufwand von Reklame verbunden sein muß. Nicht nur die Mannigfaltigkeit der Tarife, sondern noch mehr deren fortwährende Abänderungen erfordern eine Menge von Bekanntmachungen. So verausgabt z. B. die LNER für Reklamezwecke im Durchschnitt täglich die enorme Summe von 1000 Pfund (das Jahr zu 365 Tagen gerechnet), oder 2½ % der Einnahmen aus dem Personenverkehr. Hiervon fällt etwa die Hälfte auf Zeitungsreklame, die besonders zur Entwicklung des Excursion business nötig sein soll[1].

Es steht außer Zweifel, daß an Reklamespesen noch wesentliche Einsparungen möglich sind. Oder ist es etwa notwendig, daß jede der vier Hauptbahnen in Paris und anderorts ein eigenes Werbebureau unterhält?[2]

IV. Die Frage der Rentabilität des Personenverkehrs.

Es scheint vielleicht etwas gewagt, überhaupt von Rentabilität des Personenverkehrs zu sprechen, wenn diese doch nicht berechnet werden kann, weil die Gesamtkosten auf die zwei Verkehrszweige nicht ausgeschieden werden können. Wir können denn auch die Rentabilität schlechthin nicht angeben, aber wir wollen uns noch mit den Schätzungen der mutmaßlichen Rentabilität des Personen- und Güterverkehrs auseinandersetzen. Folgende Zahlen sind kaum mit den Resultaten von Berechnungen in anderen Ländern vergleichbar, aber unter sich können sie verglichen werden, denn, da für alle vier Gesellschaften die gleiche Methode befolgt worden ist, dürften auch die Fehler ungefähr gleich sein.

---

[1] Nach einem Vortrag, gehalten von R. Wegwood, Generaldirektor der LNER, am 17. Juni 1929, an einer Advertising Convention, abgedruckt im Modern Transport, 22. Juni 1929, S. 15.

[2] Begreiflich ist es auch nicht, warum jede Gesellschaft in jedem Stadtteil Londons eine besondere Niederlage haben muß, selbst wenn sie nicht nur dem Verkauf von Fahrkarten, sondern auch der Aufgabe von Gütern dienen. — Die einzige uns bekannte Rationalisierungsmaßnahme in bezug auf die Reklame ist die seit kurzem durchgeführte Zusammenlegung der verschiedenen Zeitungsannoncen. — Vgl. hierüber auch einen letter an den Modern Transport, 8. Febr. 1930, S. 13.

Eine im Auftrag des Railway Rates Tribunal durchgeführte Berechnung ergab die hier wiedergegebenen Verhältnisgrößen: (für das Jahr 1925)[1].

1. Von den gesamten Verkehrs a u s g a b e n fallen auf den:

	a) Personenzug-verkehr: %	b) Güterzug-verkehr: %
Southern	75,43	24,57
GWR	47,54	52,46
LMSR	46,18	53,82
LNER	42,96	57,04

2. Von den gesamten Verkehrs e i n n a h m e n fallen auf den:

	a) Personenzug-verkehr: %	b) Güterzug-verkehr: %
Southern	73,69	26,31
GWR	44,53	55,47
LMSR	41,86	58,14
LNER	38,73	61,27

3. Verkehrsausgaben in % der Einnahmen (Betriebskoeffizient):

	a) Personenzug-verkehr:	b) Güterzug-verkehr:
Southern	83,00	75,74
GWR	87,26	77,31
LMSR	89,07	74,74
LNER	94,78	79,55

Hieraus ergibt sich, daß der Personenzugverkehr bei allen vier Gesellschaften eine geringere Einnahme abwirft als der Güterverkehr. Auf Grund der Verkehrseinnahmen würde man zwar vermuten, daß sich die Resultate der zwei Verkehrszweige bei der SOUTHERN eher etwa umgekehrt zueinander verhalten. Auch ist es nicht recht verständlich, warum gerade bei den zwei Gesellschaften, die die längsten Linien betreiben (LMSR & LNER), die Einnahme aus dem Personenzugverkehr am geringsten ist. Denn auf langen Linien ist der Betrieb wirtschaftlicher als auf kurzen, und zudem ist das Auto weniger konkurrenzfähig. Allerdings ist zu berücksichtigen, daß die Rentabilität auch durch andere Faktoren, wie Dichte und Kaufkraft der Bevölkerung, bestimmt wird. Im übrigen dürfte der Wettbewerb zwischen der LMSR

[1] Proceedings of the Railway Rates Tribunal, Appendix to Minutes of Evidence, 4. Okt. 1926, S. 2718 ff.

und der LNER die Wirtschaftlichkeit der Betriebe dieser Gesellschaften nicht unwesentlich beeinträchtigen.

Eine Frage für sich ist die, wie sich die Rentabilität des Personenverkehrs in Zukunft entwickeln wird. Es ist wahrscheinlich, daß sie sich, als Folge der teilweisen Verständigung zwischen Auto und Eisenbahn (Arbeitsteilung!) verbessern wird. Im gleichen Sinn dürfte sich eine Tarifreform auswirken, die uns — wie wir im vorigen Kapitel dargelegt haben— notwendig erscheint, um den englischen Eisenbahnen einen größeren Massenverkehr zu sichern. Allerdings ist auch die allgemeine Wirtschaftslage ein bedeutender Faktor der Rentabilität der Verkehrsmittel, und in dieser Beziehung bestehen bekanntlich in Großbritannien nicht allzu rosige Aussichten.

Curriculum vitae

Der Verfasser dieser Dissertation, Erwin Leemann, von Zürich, wurde geboren den 7. August 1905. Nachdem er die Primarschulen von Zürich und Rüschlikon besucht hatte, trat er in die Gymnasialabteilung der Kantonsschule Zürich ein und bestand an dieser Anstalt die Maturität. Im Oktober 1924 immatrikulierte er sich an der rechts- und staatswissenschaftlichen Fakultät der Universität Zürich. Sein Studium in Zürich wurde unterbrochen durch eine Praxis in einer Speditionsfirma in Antwerpen und durch je einen halbjährigen Aufenthalt in Frankreich und England, wo er ein Semester an der Faculté de Droit der Universität Paris (Sommer 1926) und ein Trimester an der London School of Economics and Political Science (Sommer 1927) studierte. Die Ausarbeitung der Dissertation machte im Frühjahr 1929 einen zweiten Englandaufenthalt notwendig. Zum Doctor oeconomiae publicae promovierte er an der Universität Zürich am 5. Juli 1930.

H. S. Hermann G. m. b. H., Berlin SW 19

GPSR Compliance

The European Union's (EU) General Product Safety Regulation (GPSR) is a set of rules that requires consumer products to be safe and our obligations to ensure this.

If you have any concerns about our products, you can contact us on ProductSafety@springernature.com

In case Publisher is established outside the EU, the EU authorized representative is:

Springer Nature Customer Service Center GmbH
Europaplatz 3
69115 Heidelberg, Germany

Batch number: 10844675

Printed by Printforce, the Netherlands